图书在版编目（CIP）数据

颐养有道享平安：风险管控智慧 / 潘席龙，祖强主编．— 成都：四川人民出版社，2021.10

（国民金融教育之中老年五德财商智慧丛书 / 潘席龙主编）

ISBN 978-7-220-12443-3

Ⅰ．①颐… Ⅱ．①潘… ②祖… Ⅲ．①中年人—财务管理—风险管理②老年人—财务管理—风险管理 Ⅳ．① TS976.15

中国版本图书馆 CIP 数据核字 (2021) 第 191932 号

YIYANG YOUDAO XIANG PINGAN: FENGXIAN GUANKONG ZHIHUI

颐养有道享平安：风险管控智慧

潘席龙　祖　强　　主编

出 品 人	黄立新
策划组稿	王定宇　何佳佳
责任编辑	王定宇
封面设计	李其飞
版式设计	戴雨虹
责任校对	母芹碧
责任印制	许　茜
出版发行	四川人民出版社（成都槐树街 2 号）
网　　址	http://www.scpph.com
E-mail	scrmcbs@sina.com
新浪微博	@ 四川人民出版社
微信公众号	四川人民出版社
发行部业务电话	（028）86259624　86259453
防盗版举报电话	（028）86259624
照　　排	成都木之雨文化传播有限公司
印　　刷	四川机投印务有限公司
成品尺寸	170mm × 230mm
印　　张	10.75
字　　数	98 千字
版　　次	2021 年 10 月第 1 版
印　　次	2021 年 10 月第 1 次印刷
书　　号	ISBN 978-7-220-12443-3
定　　价	48.00 元

五德财商

Introduction

"财商"指认识、创造和驾驭财富的智慧。2019 年，西南财经大学财商研究中心率先提出了融合我国传统"五常"与美国财政部"五钱之行"的"五德财商"体系。认为德不仅是财之源，更是保有和用好财富的基本准则。

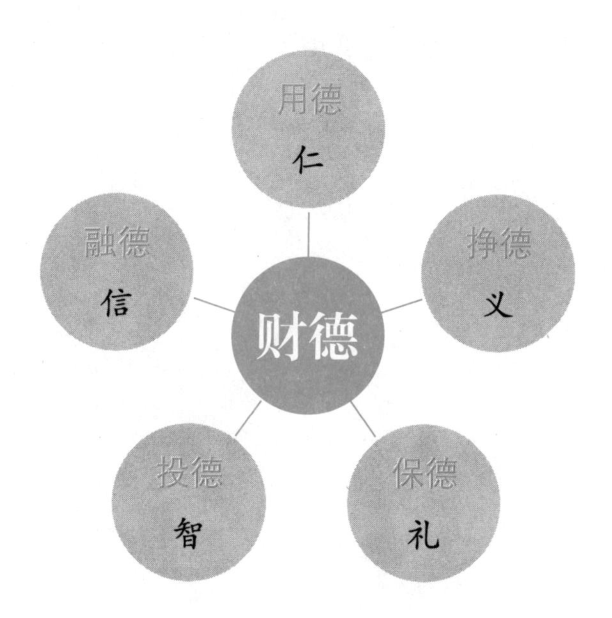

在五德财商体系中，财德五分、各有其常；五常之行、为财之本。其中：用钱之德源于仁、挣钱之德源于义、保钱之德源于礼、投钱之德源于智、融钱之德源于信。

五常“仁义礼智信”，不仅是判断财经行为是否符合财德要求的标准，比如挣德要求“君子爱财取之有道”；也表明只有符合财德标准的行为才能积累财德，“行善积德穷变富，作恶使坏富变穷”。其他诸德，亦是如此。

序 Preface

全世界60岁以上老年人口总数已达6亿。全球有60多个国家的老年人口达到或超过人口总数的10%，步入了人口老龄化社会行列。人口老龄化的迅速发展，引起了联合国及世界各国政府的重视和关注。20世纪80年代以来，联合国曾两次召开老龄化问题世界大会，并将老龄化问题列入历届联大的重要议题，先后通过了《老龄问题国际行动计划》《十一国际老年人节》《联合国老年人原则》《1992年至2001年解决人口老龄化问题全球目标》《世界老龄问题宣言》《1999国际老年人年》等一系列重要决议和文件。

根据联合国人口大会（WPP）预计，2045—2050年我国人均预期寿命将达到81.52岁，接近发达国家平均水平（83.43岁）。到2040年，我国65岁以上老人占比将超过20%，也就是每5个人中就有1个是65岁以上的老人。为此，我国政府再次修订了《中华人民共和国老年人权益保障法》，制定了《“十三五”国家老龄事业发展和养老体系建设规划》，出台了《老年人照料设施建筑设计标准》《无障碍设计规范》等相关政策，积极应对可能出现的各种新问题。

面对老龄化的巨大挑战，只靠政府行动是远远不够的。我们中老年人必须主动行动起来，运用能力、智慧为自己的晚年生活做好充分的准备。随意翻看每天的相关报道和新闻，不难看到老年人投资理财被骗、落入保健品虚假宣传陷阱、遭遇意外失能，或子女因为遗产问题而在老人葬礼上大打出手之类的事件，这表明我们的社会还没有做好迎接人口老龄化的全方位准备。

现在进入中老年阶段的人，多出生于20世纪70年代以前。受时代和社会发展进程的局限，除非自己从事相关专业的工作，大多数中老年人对健康养生以及理财、保险、财产继承等相关领域的知识，都没有接受过系统教育，甚至有许多中老年人误听误信了道听途说、似是而非的信息，凭感觉去处理保健、理财、保险和遗产等问题，给自己和家庭造成了不可挽回的损失。

不可否认，年龄是经历、是阅历、是感悟、是体验，也是我们积累的人生智慧。然而，术业有专攻，时代也在进步。对我们这代中老年人来说，很难真正做到人过中年“万事休”，因为跟不上时代的步伐，就意味着我们真正的“老”了，要被时代淘汰了，自己的养老问题也不再受自己控制而要仰仗他人了。这对我们这一代靠自己拼搏奋斗走过来的中老年人来讲，是很难接受的。

“老吾老以及人之老。”西南财经大学财商研究中心、华西证券股份有限公司和成都爱有戏社区发展中心共同打造了本套中老年人财商智慧丛书。丛书共分四册，分别针对中老年人共同面临的健康管理、投资理财、风险防范和财富传承四个方面的主要问题。

第一册《千金难买老来健》，集中讨论了中老年人的亚健康、心理健康、保健食品、保健用品、医食同源、中老年健身及如何避免各种保健陷阱、误区等问题。

第二册《谁也别想骗到我》，针对的则是中老年人如何识别和规避理财中可能遇到的“杀猪盘”、金融传销、非法集资等骗局，如何掌握中老年人投资理财的基本原则，对中老年人家庭财富的配置方法、常用的一些中低风险金融产品也做了系统的介绍。

第三册《颐养有道享平安》，对中老年人面临的主要风险，如财务风险、疾病风险、意外伤害风险等，所适用的财产和人寿保险、重疾与其他保险的搭配等进行了介绍；对可能存在的保险陷阱、社保与商业保险应如何配合、家庭保险的配置与调整等做了讲解。

第四册《财德仁心永留传》，主要针对中老年人物质与精神财富的传承问题，包括民法典中对继承问题的规定，遗嘱的订立、修改和执行，以及如何防止子女不孝、如何在不同继承人之间做好平衡、如何防止“败家子”等社会现象和问题。

整套丛书都从中老年人身边发生的案例故事讲起，透过现象看本质，在剖析了相关原因后，分步骤地说明了正确的做法。它们既生动、有趣，也有理论性和操作性；既是一套财商“故事书”，更是一套提升中老年朋友财商智慧的工具书。

本套丛书既适合中老年读者自己阅读，也可作为中老年朋友之间互相馈赠的礼品，更推荐年轻的子女们买给自己的父母和长辈，让丛书帮助你们来规劝部分“固执”的父母和长辈，在提升全家财商智慧的同时增进家庭的和谐与幸福。

丛书付印之际，要特别感谢西南财经大学曾康霖教授、刘锡良教授和王擎教授在本套丛书写作过程中的关心和支持；感谢中国证券监督管理委员会四川监管局的刘学处长在政策方面的指导和把关；感谢华西证券股份有限公司梁群力总经理、唐岭主任的倾力相助；感谢成都爱有戏社区发展中心杨海平先生和刘飞女士的大力支持；最后，要诚挚感谢四川人民出版社王定宇女士在创意、设计和市场规划方面的全力帮助！

对丛书有任何建议和批评，诚请联系 panxl@swufe.edu.cn，不胜感激！

2021 年 3 月于成都

目录 Contents

目录 Contents

中老年人常见风险及其管理

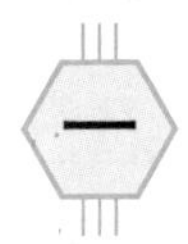

故事:“豪迈”马大爷的隔离故事

60 岁的马大爷是个退休的酒商，在生意圈子里一直以“豪迈”著称，平日最喜欢跟一帮朋友一起吃饭喝酒、打麻将。在

外人看来，马大爷性格开朗又直爽，家里人对他却一直忧心忡忡。原来，马大爷经常一喝酒就是一个晚上，麻将一打就是一个通宵，抽烟一包接着一包，丝毫不顾及自己的身体状态。而在他自己看来，这才是“天不怕地不怕”的“男子汉气概”。

新冠疫情期间，家里人不停劝告马大爷少聚集、戴口罩。可马大爷哪肯乖乖听话，照样四处找朋友喝酒打牌，还不肯戴口罩。家人看在眼里，急在心里，却又束手无策。

真是“怕什么来什么”，有天马大爷去了高风险区域聚餐，回来不久就出现了发烧、咳嗽等症状，老伴也被传染出现身体不适，两口子立即被送往医院隔离。连同回家探望的儿子、儿媳也一道被隔离了。

隔离病房里，医生严厉批评马大爷说：“平时不注意保养身体，本身体质就弱，面对病毒感染的风险，不仅不提前做好防范措施，还不断把自己暴露在风险当中，这是对自己、对家人非常不负责的行为！这样哪里是什么‘豪迈不羁’，简直就是拿自己和家人的生命安全当儿戏！”

好在最终检查下来，马大爷和老伴得的只是普通的流感，经过 14 天的隔离和治疗，两口子已完全康复，一家人一起出院回到了家中。

经过这次惊险的经历，马大爷明白了自己因为忽视风险，险些把家人拖入危险的境地。如果自己真的感染了新冠肺炎，还传染了家人，后果会怎样，他想都不敢想。他也开始认真反思自己过去种种“豪迈”行为，逐渐重视起身边的风险来。

本书中所讲的风险，通俗来说，指的是人们遭受损失或伤害的可能性。俗话说“天有不测风云，人有旦夕祸福”，

人生在世，总会伴随着各种各样的风险：感染新冠肺炎的风险，下楼滑倒的风险，开车擦刮的风险，钱包被偷的风险……而随着年龄的增长，我们的身体机能逐渐衰退，相应的风险也会逐渐增加，例如：由于免疫力减弱更容易感染传染性疾病；由于平衡功能下降更容易发生跌倒；等等。

人们面对风险的态度各不相同。有的人就像“马大爷”一样盲目自信，对风险不屑一顾，更别提有意识地去防范风险；而有的人过于小心谨慎，“杯弓蛇影”“杞人忧天”，甚至出现焦虑、恐惧等“疑心病”症状。这两种都不是科学理性的态度。

我们需要认识到，风险总是客观存在的，而风险事件的发生则只是一种可能性、一种概率。虽然我们无法排除所有的风险，也无法生活在一个完全没有风险的世界里，但我们可以通过提前合理的预防措施，有效降低风险发生的概率，或者减少风险发生带来的损失。面对风险，智慧的人更懂得理性看待，提前预防、未雨绸缪；而不是事前自我麻痹，事后手忙脚乱。

在中老年人的日常生活中，最为常见的有以下四大类风险：伤害风险、疾病风险、失能风险和财务风险。接下来就和大家一起，分别来看看这些风险的特点，以及面对这些风险时正确的应对方法。

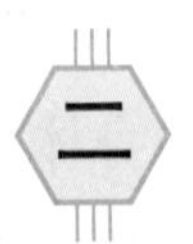

伤害风险

（一）什么是伤害风险

“伤害”区别于“疾病”，是超过身体耐受总程度的冷、热、电、酸、碱、电离辐射等的影响，造成的身体损伤。通俗地讲，就是因为身体外部的原因给自己带来的伤害。据统计，中老年人日常生活中最常见的伤害主要有以下四大类：跌倒摔伤、交通道路伤害、钝器/锐器伤和动物抓咬致伤。

1. 跌倒摔伤

58岁的邱叔一天半夜起床上厕所，由于卫生间光线昏暗，地板又湿滑，邱叔一不小心摔倒在地，手肘撑地后

骨折，被紧急送往医院治疗，左手被打上了石膏。医生说，幸好用手撑了一下，要是髋骨或肋骨骨折，就不是打石膏这么简单了。

首先，中老年人最为常见的伤害风险莫过于“跌倒摔伤”风险。根据中国疾病预防控制中心 2020 年出版发布的《全国伤害监测数据集（2018）》，在离退休人群所受伤害总数的统计中，“跌倒 / 坠落”伤害占到了 52.45% 的比例。

根据世界卫生组织有关跌伤的报道，跌伤是全球意外或非故意伤害死亡的第二大原因（仅次于道路交通伤害），且年龄越大，因跌倒而死亡或受重伤的风险越高。在致命的跌伤中，65 岁以上老年人所占比例最大。在我国，“跌倒死亡”也是 65 岁以上老年人伤害死亡的“头号杀手”。

跌倒不仅可能造成死亡，还可能导致残疾。据美国统计，老年人跌倒后受伤者比例达 20%~30%，且多为跌打损伤、髋部骨折、头部外伤等。跌倒所带来的骨折和脑出血是致使中老年人残疾和失能的重要原因。跌倒可能造成身体功能损失、活动受限，甚至失去生活自理能力，极大影响晚年生活品质，给自己和家人带来沉重的负担。

根据统计，跌倒 / 坠落伤害发生地点排名前三位的分别是：家中（34.97%）、公路 / 街道（20.85%）、公共居住场所

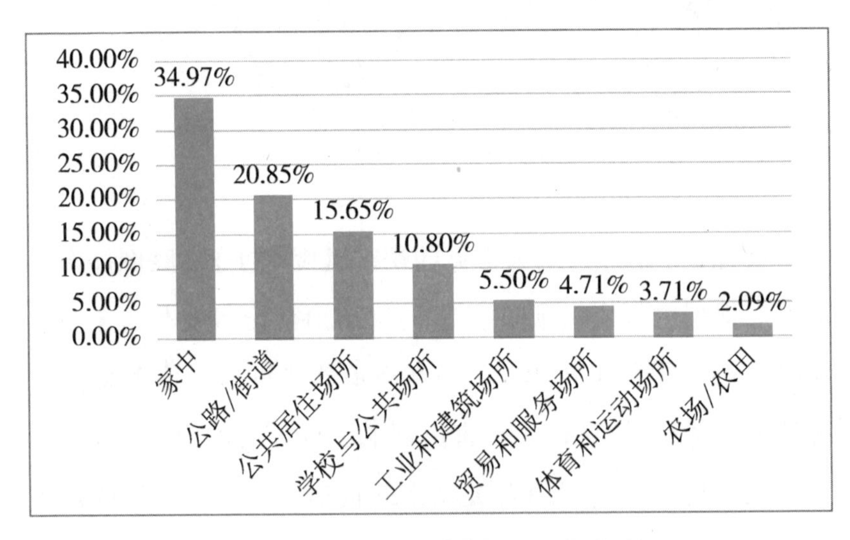

图 1–1　跌倒、坠落发生地点分布统计图

资料来源：《全国伤害监测数据集（2018）》

（15.65%）。其中，公共居住场所包括宿舍、疗养院、养老院、孤儿院、监狱和教养院等。从以上数据我们可以看出，超过一半的跌倒 / 坠落伤害发生在“居住场所”，所以居住环境的安全性尤为重要。

2. 交通道路伤害

退休的万婶平常喜欢骑电瓶车出行，一天早晨，她骑着电瓶车出门买菜，过十字路口的时候，眼看绿灯马上要变成红灯了，便加速驶向马路对面，结果被突然冲出来的右转的车辆撞倒，连人带车飞了出去。万婶被紧急送往医院，经过抢救脱离了生命危险，但之后她腿部的骨折恢复得不好，再也不能像以前那样轻松愉快地散步了。

第二类常见的伤害风险是“交通道路伤害”风险，占离退休人群伤害统计总数的18.12%。

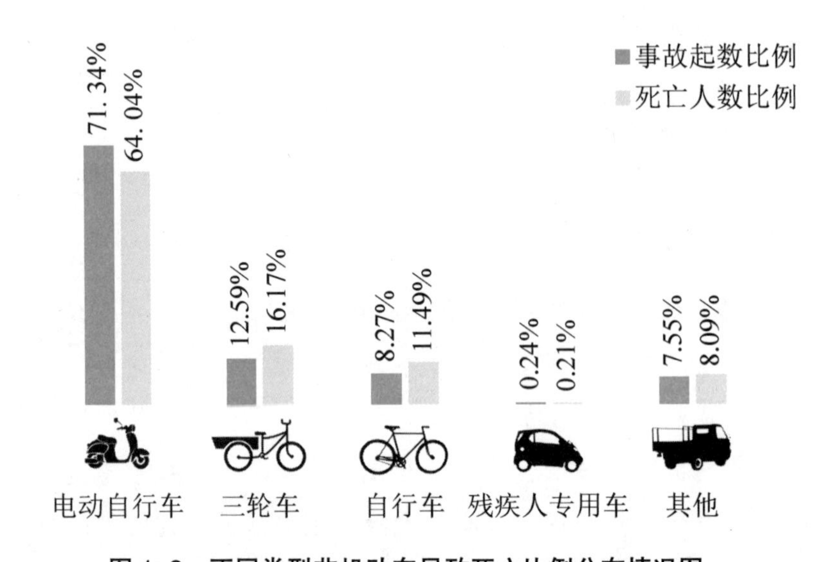

图1-2　不同类型非机动车导致死亡比例分布情况图

资料来源：《中国公路》2018年第6期《我国道路交通事故主要成因和特点分析》

根据《中国公路》2018年发表的文章《我国道路交通事故主要成因和特点分析》，我国道路交通事故最主要的原因是来自“机动车违法”，事故起数比例和死亡人数比例均超过了85%。在非机动车交通事故中，电动自行车（又称“电瓶车”）是最容易出事故的交通方式，事故起数占非机动车事故的71.34%，死亡人数占非机动车事故的64.04%。在交通事故死亡人员的分布中，死亡人数比例最多的前三类分别为：步行行人（26.51%）、摩托车驾驶者（20.83%）、电动自行车骑行者（11.41%）。

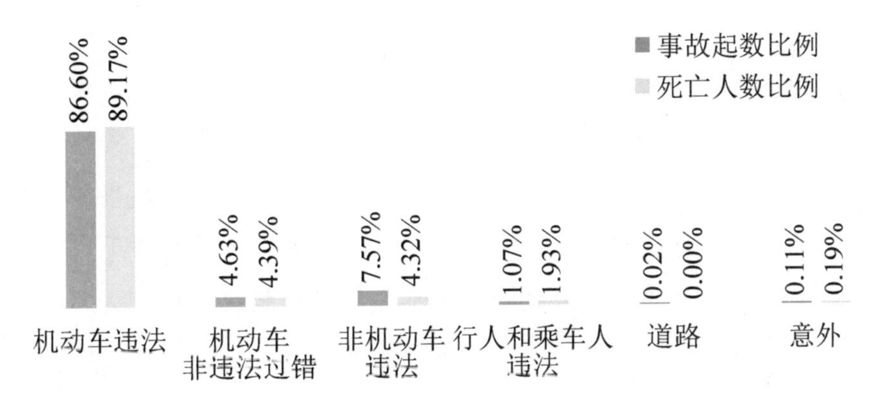

图 1–3　道路交通事故主要原因比例分布图

中老年人由于反应速度、避让能力降低，加上骨质疏松和基础疾病的存在，很容易在交通事故中遭受重大伤害。60 岁以上老年人是交通事故最易发生的人群，老年人交通事故多发于光线较暗、视线不佳的早晨和傍晚，正好也是出门晨练、买菜和晚饭后散步的时点，这个时候要特别注意遵守交通规则、避让来往车辆。

另外，随着电动车的普及，越来越多人选择骑电动自行车出行，电动自行车的事故数量和死亡人数也逐年增加。我们在骑电动自行车时，尤其要注意控制速度、不急不抢，严格遵守交通信号灯指示。存在视力、听力问题的老年人，最好不骑电动自行车。

3. 钝器 / 锐器伤害

牛伯和他的老伴都是出了名的脾气大，平时经常吵架，谁也不让着谁。这天，牛伯和老伴又因为一件琐事吵了起来，越吵越激烈，到最后实在忍不住两人竟动手干起架来，甚至顺手抄起锅锅铲铲奏起了“锅铲交响曲”。邻居闻声赶来制止时，两口子都已经挂了彩，一起被送去医院包扎。

第三类常见的伤害风险是“钝器和锐器伤害”风险，占离退休人群伤害总数的 16.85%。其中“钝器伤害”指的是被硬物或拳脚撞伤、击伤、踩伤等，“锐器伤害”指的是被刀具等尖锐物体割伤、撕伤、劈伤等。

这类伤害最常发生的地点也是在“居住场所”，主要是在家中。与前两类伤害不同的是，中老年人造成这类伤害的起因大多是“主观故意”的。其中“钝器伤”多见于故意攻击，比如两口子吵架，一言不合就动手将对方打伤。而“锐器伤”多见于自残自杀，通常出现在抑郁症、焦虑症患者身上。也有少部分钝器、锐器伤是因为使用工具不当或不小心造成的。

这类伤害的发生，更多与心理和情绪状态有关。随着年龄的增大，出现心理问题的人群比例也在增加。根据发表在美国国家经济研究局的文章《中国老年人的心理健康状况》，在我国 45 岁以上的中老年人样本群体中，超过 30% 报告患有抑郁症。要防范这类伤害，我们最需要的是及时调节自己的情绪，在发现自己或他人出现心理问题时，应及时就医。

4. 动物抓咬致伤

顾大爷所居住的小区有很多人养狗，顾大爷一天傍晚出门散步，没注意靠近了一只没有牵绳的狗，结果它突然扑上来对着顾大爷的腿就咬了一口。顾大爷左腿被咬伤，赶紧前往附近的医院消毒包扎。为了保险，又注射了狂犬疫苗。好在后来狗的主人给顾大爷赔礼道了歉，并为顾大爷支付了全部医药费。

第四类常见的风险是“动物抓咬致伤”风险，占离退休人群伤害总数的6.55%。

随着宠物的广泛普及，动物抓伤、咬伤人类的事件时有发生。此类事件中伤人动物的种类，占比最大的是犬，占到了八成以上比例，其次是猫和鼠。被动物抓伤咬伤，除了会带来皮肤创伤之外，更危险的是由于动物的唾液、体液进入人体可能造成的细菌和病毒感染。其中，狂犬病就是最为危险的一种，人患狂犬病后病死率接近 100%，目前尚无有效的治疗手段。

据统计，在动物伤人的案例中，家养动物伤人占比达九成以上，其中超过一半的案例是被自家饲养的动物所伤。所以，对于自家的宠物要首先做好疾病防控工作，及时为宠物注射相关疫苗，带宠物外出时注意牵绳控制。降低动物伤人事件的发生，需要我们大家共同努力。

以上这四类伤害（跌倒摔伤、交通道路伤害、钝器 / 锐器伤和动物抓咬致伤），占到了离退休人群伤害事件总数的九成以上。除此之外，还有一些发生概率相对较小的伤害，例如烧烫伤、中毒、溺水等，都需要我们注意。伤害无疑会给我们带来身体上的痛苦和经济上的负担，那有没有什么办法可以减少伤害发生的概率或者降低伤害所造成的损失呢？

（二）伤害风险的防控

伤害其实是可以通过科学的防控手段，有效降低发生概率、减少其带来的损失的。日常生活中，我们可以从下面三个方面来减少伤害风险。

1. 居住环境调整

随着年龄的增长，我们在住所待的时间越来越长，因此，居住环境的安全性是我们首先需要考虑的。五成以上的跌倒/坠落伤害发生在居住场所，我们首先可以通过居室布置的改善来提高安全性。

根据卫生部发布的《预防老年人跌倒家居环境危险因素评估表》，我们把家里的居住环境场景分为5大类，列出每一类场景的防跌倒措施，以便于我们进行逐个检查和调整。

表 1–1　预防老年人跌倒家居环境危险因素评估表

序号	场景	防跌倒措施
1	地面和通道	地毯或地垫平整，没有褶皱或边缘卷曲
		过道上无杂物堆放，安装扶手
		地面使用防滑地砖，保持平整、干燥
		养宠物需系上铃铛或闪光灯，做好提醒措施

续表

序号	场景	防跌倒措施
2	客厅	室内照明充足
		取物不需要使用梯子或凳子
		沙发高度和软硬度适合起身
		常用椅子有扶手
3	★卧室	使用双控照明开关
		躺在床上不用下床也能开关灯
		床边没有杂物影响上下床
		床头装有电话或手机要放在随手能拿到的地方
4	★厨房	排风扇和窗户通风良好
		不用攀高或不改变体位可取用常用厨房用具
		厨房内有电话
5	★卫生间	地面平整，排水通畅，无积水
		不设门槛，内外地面在同一水平
		尽量使用坐便器，且坐便器旁有扶手
		浴缸 / 淋浴房使用防滑垫
		浴缸 / 淋浴房旁有扶手
		洗漱用品可轻易取用

备注： ★为跌倒风险高发场所

对于跌倒风险最高的卧室、厨房和卫生间，我们尤其要注意照明度和地面防滑度。

中老年人对于照明度的要求比年轻人高 2 倍以上，所以，一定不要为了省电不开灯或少开灯！要想省电，我们完全可以使用亮度更高、耗电量更小的 LED 灯来替代普通灯泡（同瓦数下，LED 灯的亮度约为白炽灯的 8~10 倍）；我们还可以在卧室、厨房、卫生间和过道安装台灯、走廊灯等“局部照明”来加强光线。

另外，厨房和卫生间都是滑倒发生的高危区域，除了安装防滑垫、保持地面干燥之外，还建议安装扶手，尤其是在浴室里、马桶旁。

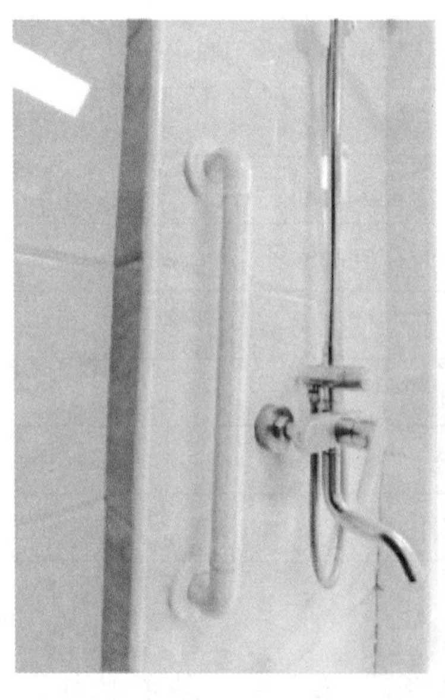

图 1–4　浴室、马桶扶手安装示意图

2. 生活习惯调整

（1）衣着舒适合体

衣服穿着要尽量舒适合体，不紧绷不松垮。同时，鞋子的选择对于降低伤害风险十分重要，无论是在家中还是出行，我们应尽量选择防滑性能较好、舒适合脚的鞋子，优选质量较好的能包裹脚的拖鞋、运动鞋。

（2）出行遵守交通规则

出行时一定“稳”字当先，不急、不抢，看清交通信号灯再行进。骑行电动自行车、摩托车、三轮车等非机动车时，务必要控制速度，遵守交通规则。乘坐交通工具，应等车辆停稳之后再上下。慢一点，更安全。

（3）降低日常动作速度

起床时，放慢起身、下床的速度；如厕时，降低蹲下、起来的速度；上下楼梯，扶好扶手步履要慢；日常转身、转头动作要慢。服用精神类药物，例如抗抑郁药、抗焦虑药或催眠药后，应尽量坐卧休息，避免起身活动。

3. 身心状况调整

（1）运动锻炼

坚持参加规律、合理的体育锻炼，可以增强我们的肌肉力量、柔韧性、协调性、平衡能力、步态稳定性和灵活性，从而有效减少跌倒和其他伤害的发生。

利于中老年人身心健康的运动，有散步、爬山、广场舞和太极拳等。运动锻炼特别是集体运动，不仅可以使我们身体强健，还非常有利于改善心理情绪，可谓“一箭双雕”。

（2）均衡营养

对中老年人来说，防治骨质疏松能有效降低伤害。跌倒所致损伤中，危害最大的是髋部骨折，老年髋部骨折后一年的死亡率高达30%。因此，我们要加强膳食营养、保持均衡饮食，适当补充维生素D和钙剂；绝经期的女性必要时应进行激素替代治疗，增强骨骼强度，降低跌倒后的损伤严重程度。

（3）关注心理情绪

发现自己或他人在一段时间内长期情绪不佳，难以改善时，应及时前往医院心理科室就医。沮丧、抑郁、焦虑和恐惧等情绪，都可能削弱我们的注意力和感知力，增加伤害发生的可能性。我们应及时自我调节，或寻求医生帮助。

以上这些措施，能够让我们在日常生活中大幅度降低伤害发生的可能性。除此之外，还有没有什么工具，能够让我们在伤害发生后，有效减轻经济损失甚至可以得到补偿呢？

（三）财教授实操课堂：意外伤害保险

应对伤害风险，我们除了做好相应的日常防控之外，还可以使用“意外伤害保险”这种金融工具。

朱婶今年 55 岁，离婚后独自住在一个老旧的小区里。在保险行业朋友的建议下，朱婶给自己配置了一些保险以防万一，其中包括意外伤害保险、附加意外伤害医疗保险。

一个雨夜，朱婶在小区里意外滑倒摔下楼梯，造成脊柱骨折脱位，被送入医院进行治疗。女儿得知朱婶购买了意外伤害保险，随后开始为母亲办理理赔手续。根据人身保险伤残评定标准，朱婶最终被评定为9级伤残（部分丧失劳动能力）。

因为朱婶投保的意外伤害保险保障项目覆盖了“意外伤残”和“意外伤害医疗”，保险公司随后按照合同，支付了“意外伤残保险金”和“医疗费用保险金”。虽然轻度的伤残对

朱婶之后的生活造成了一定影响，但保险金覆盖了朱婶的治疗和康复费用支出，大大减少了她的财务损失。

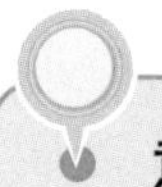

意外伤害保险的定义

意外伤害保险是指以意外伤害而致身故或残疾为给付保险金条件的人身保险。其中的“意外伤害”，是指在被保险人没有预见到或违背被保险人意愿的情况下，突然发生的外来致害物对被保险人的身体明显、剧烈地侵害的客观事实。

意外伤害保险的作用，就是在人们发生意外伤害时，能给予一定的金钱赔付，以减少人们的经济损失。这里我们要注意的是，意外伤害保险并不赔付“故意伤害”和“疾病”。

“故意伤害”，就是故意给自己造成伤害的行为，比如自残、自杀、酗酒、吸毒、寻衅斗殴或犯罪给自己造成伤害，都属于不可保的伤害。

“疾病”，通常是因细菌、病毒或者自己身体内部原因引起的身体异常，比如感冒、肺炎、心脏病、高血压等，也不属于意外伤害保险的保障范围。

通常来说，意外伤害保险可以赔付的事项主要包括下图这些伤害发生所造成的意外身故、伤残。如果购买了意外医疗、住院的附加险，还可以再赔付医疗费用和住院津贴。

图 1–5　意外伤害保险可以赔付的伤害原因

图 1–6　意外伤害保险所包含的伤害赔付

意外伤害保险有很多种类，期限长短和约定场景各不相同。例如，航空意外险、公路旅客意外险、索道游客意外险等就只用于保障搭乘相应交通工具期间出现的意外；而普通意外伤害保险，可用于保障保险期间（通常是一年内）在各种场景下发生的意外。

购买意外伤害保险，务必要在专业人士的指导下进行。合适的意外伤害保险能有效减少伤害发生给我们带来的经济损失，我们要学会使用这一类工具。

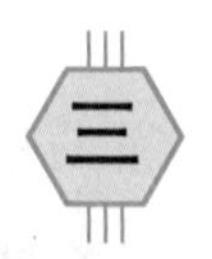

疾病风险

（一）什么是疾病风险

春天是流感易发的季节，魏大妈也不小心染上了流感，又咳嗽又发烧，非常难受。平日感冒魏大妈总想自己随便吃点药扛过去，而当医生的朋友告诫她，感冒看似是小病，但如果不注意及时治疗，也有可能造成严重的后果。魏大妈想了想，还是准备去医院看看。

人都会生病，小到感冒发烧，大到恶性肿瘤，都属于疾病的范畴。疾病是一种我们身体的异常状态，可能由外在的病毒、细菌引起，也可能由内在的身体机能改变引起。随着年龄的增长，机体免疫功能下降，疾病给我们带来的危害性也在逐步增大。

国际权威医学杂志《柳叶刀》在 2019 年发表了一篇重磅论文《1990—2017 年中国及其省份的死亡率、发病率和风险因素：全球疾病负担研究的系统分析（2017 年）》，分析了 2017 年中国 34 个省份（包括港澳台）居民的死亡原因。

表 1-2　中国人健康“杀手”排行榜

排名	主要原因	排名	主要原因
1	中风	7	肝癌
2	缺血性心脏病	8	糖尿病

续表

排名	主要原因	排名	主要原因
3	慢性阻塞性肺病	9	颈痛
4	肺癌	10	抑郁症
5	道路交通伤害	……	……
6	新生儿疾病	17	跌倒

备注：排行按照伤残调整寿命年排名，即从发病到死亡所损失的全部健康寿命年，包括因早死所致的寿命损失年和伤残所致的健康寿命损失年

我们可以看到，在排名前10的“杀手”当中，除了道路交通伤害和新生儿疾病，其他都是中老年人常见的疾病，而抑郁症也在其中。所以，我们不仅要注意身体疾病的预防，也要注意心理疾病的防范。

我们每个人一生总会遇到这样那样的疾病，区别只是程度上的不同，提前做好疾病风险的防范，对我们非常有用。

（二）疾病风险的防控

2019年“健康中国行动”的新闻发布会上，国家卫健委发言人指出，我国人均健康预期寿命仅为68.7岁，患有一种以上慢性病的老年人比例高达75%。我国心脑血管疾病、癌症、慢性呼吸系统疾病、糖尿病等慢性非传染性疾病死亡人数

占总死亡人数的 88%，导致的疾病负担占总疾病负担的 70% 以上，是普遍影响我国居民健康的主要疾病，成为制约健康预期寿命提高的重要因素。

这些中老年常见慢性疾病产生的原因，除了本身身体机能的老化之外，其实都与生活方式有着密切的关联。要预防或延缓中老年常见疾病的发生，必须要老老实实从改善生活方式做起，而不能去迷信“神医”“神药”，期待有“捷径”能够一步抵达健康、长命百岁。

中老年人最常见的非传染性慢性疾病，主要有高血压、血脂异常、糖尿病、心脑血管疾病、恶性肿瘤和慢性阻塞性肺病等，且一人患有多种慢性疾病的“共病现象”普遍存在。在恶性肿瘤当中，常见且危害较大的有肺癌、肝癌、乳腺癌、肠癌等。我们通过以下四个方面的生活方式调整，能够同时降低多种慢性疾病的发病率，起到预防或者积极调理的作用。

1. 饮食调整

饮食调整，主要是控制对盐、油和糖分的摄入量，戒烟忌酒，同时注意营养均衡。

【食盐】

食盐摄入过量，是最常见的不良饮食习惯，这与我国的

烹饪文化有密切的关系。吃盐过多是引发高血压、胃癌、骨质疏松、肥胖、肾病等多种疾病的重要因素，而根据统计，中国人的日均食盐摄入量超过 10 克，超过世界卫生组织每日食盐最高摄入量（5 克）的两倍！

根据《中国居民膳食指南》，建议国人每人每日食盐摄入量不超过 6 克。我们在日常烹饪时，可以买一个 6 克盐的“控盐勺”来进行限制，6 克的食盐差不多是一个啤酒瓶盖的量（见下图）。

图 1–7　一啤酒瓶盖食盐量

同时，我们要警惕高盐食品和配料，例如咸蛋、咸菜、咸鱼和腊肉等。一枚咸鸭蛋的含盐量就高达 3~5 克，吃 1 枚下去，基本就接近每日食盐摄入量的上限；酱油、蚝油、豆瓣酱等常见调味品中也添加了大量的盐，在烹饪中我们也需要把它们考虑在内。

【油】

烹调油有助于食物中脂溶性维生素的吸收利用，是人体必需脂肪酸和维生素 E 的重要来源，但过多脂肪摄入也会增加糖尿病、高血压、血脂异常、动脉粥样硬化和冠心病等慢性病的发病风险，也是引发女性乳腺癌的危险因素之一。中国营养学会建议国人每日油的摄入量不超过 25~30 克，而我国城乡居民实际摄入量为 42 克，超出建议标准 40% 之多！建议在烹饪时，我们使用有刻度的油壶定量取用，以控制我们每日的烹调油摄入量。烹调食物时，多采用蒸、煮、炖、凉拌等方式，少用油煎、油炸的方法；油汤尽量不要喝或泡饭食用。

【糖】

吃糖过多会导致热量摄入过多，导致肥胖发生，肥胖又会引发一系列的并发症，比如糖尿病、高血压、高血脂和心血管疾病等。中国居民膳食指南推荐，每人每天添加糖的摄入量建议不超过50克，最好控制在25克以下。人们日常摄入糖超标的原因，通常是因为高糖饮料（包括鲜榨果汁、含糖酸奶）、高糖零食（如蜜饯、糕点、月饼等），或高糖烹饪食品（如糖醋烹饪、豆沙食品等）。我们要特别注意，看似“健康”的鲜榨果汁和含糖酸奶，其实含糖量极高，与可乐、奶茶等并无二致，也不能多吃。

【烟酒】

烟酒是健康之大忌，也是导致我国肺癌、慢性肺病和肝癌高发的“罪魁祸首”。烟、酒都没有安全剂量，少量摄入都会给我们身体带来伤害。戒烟忌酒是老生常谈的话题，但知易行难，光靠毅力不容易成功，我们还需要结合运动作为辅助，更容易成功。

2. 合理运动

合理运动对于预防慢性疾病非常重要，运动能够控制体

重、提高心肺功能、增强免疫力，同时还能有效改善心理情绪，减少焦虑症、抑郁症的发生。中老年人建议每周运动 3~5 次，每次至少 30 分钟，以散步、慢跑、太极拳、爬山等中低强度的有氧运动为佳。

在美国，“运动处方”的概念已经被大家普遍接受。所谓“运动处方”，也就是由专业人员用“处方”的形式为患者制订运动项目，用来康复治疗或预防健身。科学的“处方”不仅仅是药物，合理、科学的运动计划，也是治疗或预防疾病的重要途径之一。

3. 心理情绪调节

情绪、情感与身心健康关系密切。长期处于负面情绪如焦虑、忧愁、悲伤、恼怒、压抑等，可能诱发高血压、心脏病、溃疡、胃病和癌症等多种疾病，还可能产生心理疾病。

运动、交友、兴趣爱好和家人陪伴等，都是能够有效改善情绪的手段，如果发现自己情绪不佳，要及时调整或寻求心理医生的帮助，以免积蓄成疾。

4. 定期体检，尽早干预

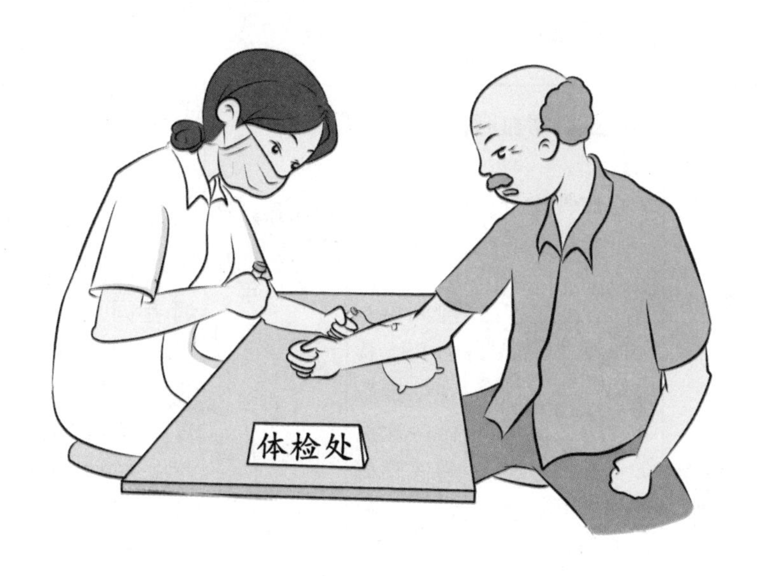

国内外实践经验证明，慢性病的预后好坏与发现早晚密切相关。发现越早、干预越早，治疗管理的效果也越好。例如胃癌、食道癌早期患者五年生存率高达 90% 以上。定期体检是非常重要的健康管理手段，能让我们及时发现潜在的身体异常，并及时予以干预，把重大疾病“扼杀在摇篮里”。我们每个人都应该重视体检和早期疾病，把健康管理融入日常生活，为自己和家人减轻负担。

根据我国居民不同年龄段的实际状况，建议体检的重点项目有所不同，我们可以参考下表，或遵医嘱，来重点选择自己每年的体检项目。

表 1–3 不同年龄段体检重点项目

<table>
<tr><th rowspan="2">年龄段</th><th rowspan="2">常规重点</th><th colspan="3">癌症筛查重点</th></tr>
<tr><th>男性</th><th>女性</th><th>不分性别</th></tr>
<tr><td>40~49 岁</td><td>①血压血糖血脂检查
②心血管检查：心脏彩超、心电图或动态心电图</td><td rowspan="3">前列腺：血 PSA 检查（推荐做一次后遵医嘱确定频率）</td><td rowspan="3">①乳腺：乳腺钼靶检查等（1 年 1 次或 2 年 1 次）
②宫颈：宫颈刮片或 TCT、HPV 筛查（5 年 1 次，65 岁后可停止）</td><td rowspan="3">①结直肠：结肠镜（5 年 1 次，75 岁后可停止）
②肺：低剂量 CT（有吸烟史或与吸烟者同居超过 20 年者，1 年 1 次）
③胃：胃镜 +PG+ 胃泌素 –17 等（推荐做一次后遵医嘱确定频率）
④食管：胃镜（3 年 1 次）
⑤肝：超声 +AFP（肝硬化、乙肝患者每季度 1 次）</td></tr>
<tr><td>50~60 岁</td><td>①血压血糖血脂检查
②骨密度检查
③心脑血管检查：颈动脉超声、心脏彩超、心电图或动态心电图</td></tr>
<tr><td>60 岁以上</td><td>以上所有项目</td></tr>
</table>

（三）财教授实操课堂：医疗保险和重大疾病保险

疾病风险是我们日常生活中较为常见的风险，不仅会带来身体和精神上的痛苦，也会给我们带来财务上的损失。面对疾病风险，除了提前做好预防之外，还可以通过提前配置“医疗保险”和“重大疾病保险”，来减轻因疾病带来的经济压力。

根据中国人寿 2020 年寿险理赔服务年报，医疗和重大疾病保险的赔付金额，加起来占到了理赔总额的七成比例。这两类保险，都能够有效地减轻我们患病就医时的经济负担。

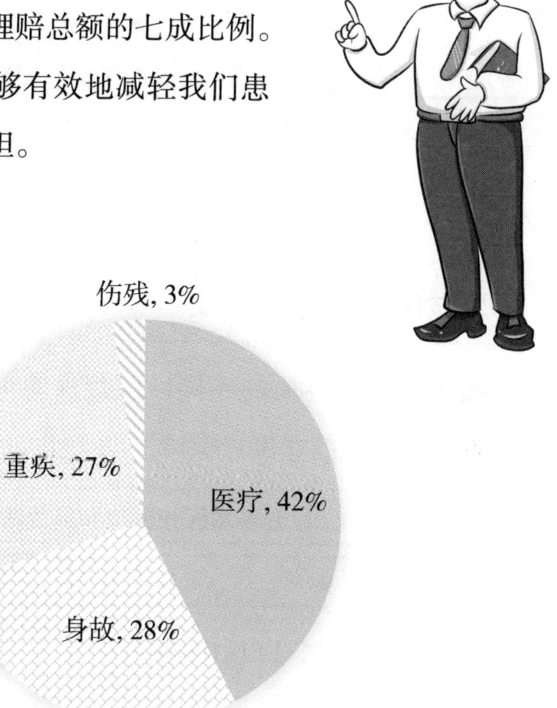

图 1–8　2020 年中国人寿理赔金额分布图

资料来源：中国人寿寿险 2020 年理赔服务年报

1. 什么是医疗保险

医疗保险，通俗来说就是能补偿投保人就医费用支出的一类保险，它的书面定义如下：

医疗保险的定义

医疗保险是指以约定的医疗费用为给付保险金条件的保险，即提供医疗费用保障的保险。其中“医疗费用”，是病人为了治病而发生的各种费用，包括医疗费用、手术费用，以及住院、护理、医院设备等费用。

2. 按保险人性质的分类

按照保险人性质的不同，医疗保险可以分为“社会基本医疗保险”和“商业医疗保险”两大类。

表 1–4　社会基本医疗保险和商业医疗保险区别

<table>
<tr><th colspan="3">类别</th><th>自否自愿</th><th>组织管理者</th></tr>
<tr><td rowspan="3">社会基本医疗保险</td><td colspan="2">城镇职工医疗保险</td><td>城镇职工强制参保</td><td rowspan="3">国家政府</td></tr>
<tr><td rowspan="2">城乡居民基本医疗保险</td><td>新型农村合作医疗保险</td><td rowspan="2">非从业城镇居民自愿参保</td></tr>
<tr><td>城镇居民医疗保险</td></tr>
<tr><td>商业医疗保险</td><td colspan="2"></td><td>自愿投保</td><td>商业保险公司</td></tr>
</table>

社会基本医疗保险，是社会保险（简称“社保”）的其中一类项目，主要包括“城镇职工医疗保险”和“城乡居民基本医疗保险”。其中，城乡居民基本医疗保险是原来的“新

型农村合作医疗保险”和“城镇居民医疗保险”合并后的统称。城镇所有用人单位都会被要求参与第一种——城镇职工医疗保险，城乡居民基本医疗保险为非从业城镇居民自愿参加。社会基本医疗保险的特点是“广覆盖、保基本”，它能满足我们基本、部分的医疗报销需求。

商业医疗保险，就是我们在社会基本医疗保险之外补充配置的、由商业保险公司经营的医疗保险。在赔付时，通常是先由社会基本医疗保险报销补偿后，余下的部分费用支出再由商业医疗保险承担。商业医疗保险能在社会基本医疗保险的基础上，起到一个补充加强的作用。

由于商业医疗保险对被保险人存在年龄限制（通常要求 65 岁以下），且随着年龄的增长，保费也会逐渐增加。针对 65 岁以上老年人的商业医疗保险产品目前仍较为稀缺，对大多数老年人来说，社会基本医疗保险依然是医疗费用的重要来源之一。

3. 按保险金给付方式的分类

医疗保险从保险金的给付方式来看，可以分为“报销型”和“津贴型”两种。在现实生活中，报销型和津贴型的医疗保险，通常是搭配使用的。

（1）报销型（又称“费用补偿型”）

报销型即实际花费多少医疗费，就按照约定的报销范围和比例给予报销。这是医疗保险中最常见的类型，我们的社保医疗保险也是这种给付方式。

谭叔既参加了社会基本医疗保险，又购买了报销型的商业医疗保险。一次，谭叔在某指定医院看门诊花费了6000元，按照当地社保局和投保保险公司规定，先由社会基本医疗保险报销了2940元，后由商业医疗保险报销了2450元，最终他只需自己负担610元。

使用报销型医疗保险，我们要弄明白以下三个基础概念：起付线、封顶线和报销比例。在商业医疗保险中，又称“免赔额”“保险限额”和“给付比例”。

起付线（免赔额）：即被保险人需要先自己承担的医疗费用额度。超过这个额度的部分，才由医疗保险按比例报销。

封顶线（保险限额）：即医疗保险承担的最高赔偿限额。超过这个限额的部分，不予报销。

报销比例（给付比例）：即医疗保险对超过免赔额的部分，按照约定给予补偿的比例。

因此，医疗保险的报销范围如下图所示（三角形代表实际花费的全部医疗费用，只有中间深色的方形是可以报销的部分）：

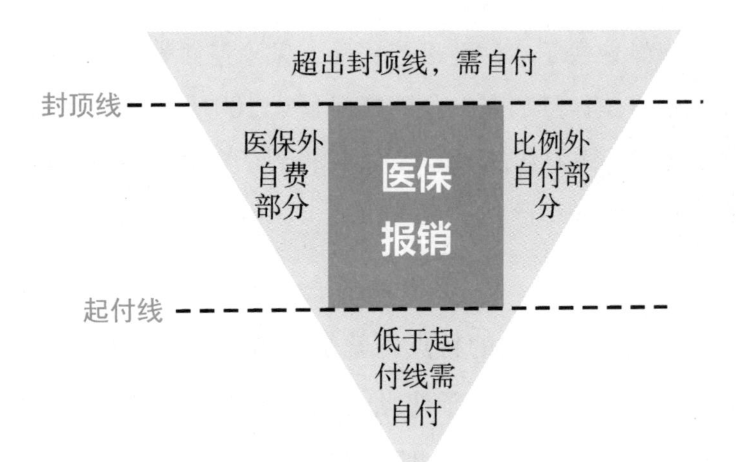

图 1-9　医疗保险可报销和自费部分说明

从图中可以看出，医疗保险并不能报销你所有的医疗费用支出。医疗保险可以报销的是：起付线以上、封顶线以下，在医保目录范围内的医疗费用支出按比例分摊后的部分。医疗费用发生后，先由社会基本医疗保险报销，不能报销的部分再由商业医疗保险给予一定的补充。不同种类和地区的医疗保险，起付线、封顶线和报销比例均不相同，需要我们前往当地社保单位或保险公司具体查询和落实。

（2）津贴型（又称“定额给付型”）

津贴型即按照约定的数额，给付固定的保险金。例如，提前约定住院时的每日津贴，住院多少天就支付多少天的“补贴”。

陶婶购买了津贴型医疗保险，保险期间她因病住院，按照合同，保险公司以住院期间每天 100 元的津贴对她进行了赔付。陶婶住院 10 天，最终得到了 1000 元住院津贴，这弥补了她一部分住院费用的支出。

这一类给付方式的特点，就是不考虑实际医疗花销，只按照实际住院天数来给予津贴。例如上面陶婶的案例，保险的住院津贴是 100 元 / 天，那么无论实际的住院费是多少钱一天，保险公司都只固定按 100 元 / 天支付。

4. 按照保险责任的分类

医疗保险按照保险责任，也就是“赔什么”，通常可以分为：普通医疗保险、意外伤害医疗保险、住院医疗保险。我们的社会基本医疗保险就属于“普通医疗保险”。我们在购买商业医疗保险时，一定要弄清楚自己买的是哪一类，还要注意保险期限（通常是一年），避免出现投保后因为类别不符或者不在保险期限内而无法赔付的情况。

表 1–5　三类医疗保险责任范围表

	意外伤害医疗	疾病医疗	门诊医疗费	住院医疗费
普通医疗保险	√	√	√	√
意外伤害医疗保险	√	×	√	√
住院医疗保险	√	√	×	√

备注：√赔付　×不赔付

5. 什么是重大疾病保险

63 岁的佟伯被确诊为中期肺癌。他在十多年前购买了长期重大疾病保险，目前仍在保险期内。根据合同，保险公司一次性赔付了佟伯 10 万元，他拿着这笔钱支付了自己的医疗费用。

也就是说，当约定的重大疾病或者身故情况发生在被保险人身上时，此类保险就会给予赔付。

与“意外伤害保险”不同，重疾险责任范围内的疾病，一定是由身体内部原因引起的非先天性的偶然性疾病，而不能是来自外部的，例如跌倒、车祸等。

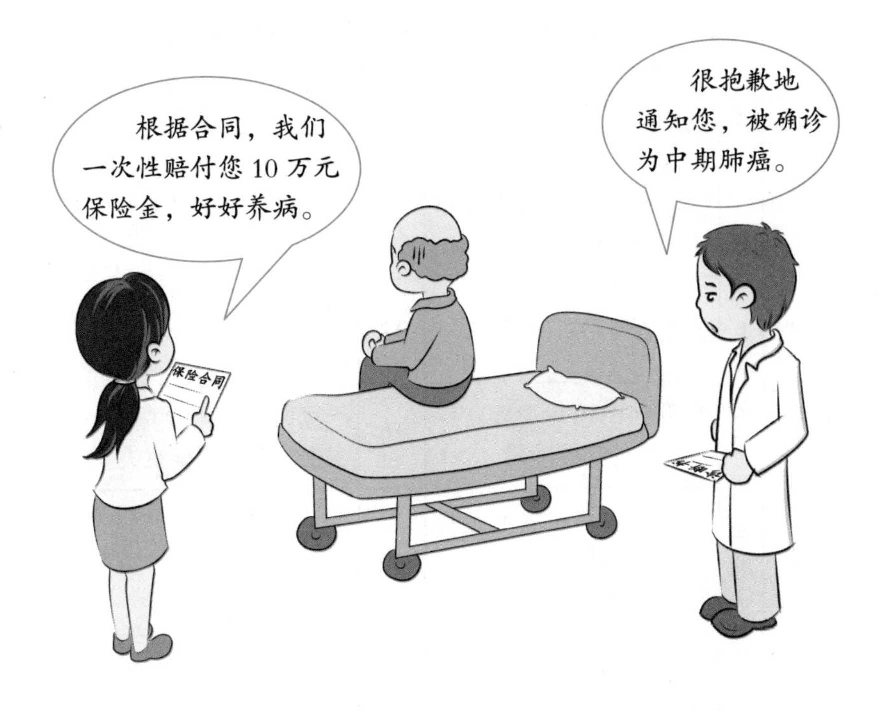

重大疾病保险只为特定的疾病提供保障，这类疾病通常医疗费用较高，且对人的生命伤害较大。中国保险行业协会与中国医师协会于 2020 年发布《重大疾病保险的疾病定义使用规范（2020 年修订版）》，规定了 28 种重度疾病和 3 种轻度疾病的明确定义，以及重疾险保障必须覆盖的 6 种重大疾病。

表 1-6　28 种重度疾病和 3 种轻度疾病的明确定义

<table>
<tr><th>序号</th><th colspan="2">疾病名称</th><th>序号</th><th>疾病名称</th></tr>
<tr><td>1</td><td rowspan="6">6种必须覆盖的重大疾病</td><td>【恶性肿瘤——重度】——不包括部分早期恶性肿瘤</td><td>17</td><td>严重阿尔茨海默病——严重认知功能障碍或自主生活能力完全丧失</td></tr>
<tr><td>2</td><td>较重急性心肌梗死</td><td>18</td><td>严重脑损伤——永久性的功能障碍</td></tr>
<tr><td>3</td><td>严重脑中风后遗症——永久性的功能障碍</td><td>19</td><td>严重原发性帕金森病——自主生活能力完全丧失</td></tr>
<tr><td>4</td><td>重大器官移植术或造血干细胞移植术——重人器官需异体移植手术</td><td>20</td><td>严重Ⅲ度烧伤——至少达体表面积的 20%</td></tr>
<tr><td>5</td><td>冠状动脉搭桥术（或称冠状动脉旁路移植术）——须切开心包手术</td><td>21</td><td>严重特发性肺动脉高压——有心力衰竭表现</td></tr>
<tr><td>6</td><td>严重慢性肾衰竭——需规律透析治疗</td><td>22</td><td>严重运动神经元病——自主生活能力完全丧失</td></tr>
<tr><td>7</td><td colspan="2">多个肢体缺失——完全性断离</td><td>23</td><td>语言能力丧失——完全丧失且经积极治疗至少 12 个月</td></tr>
<tr><td>8</td><td colspan="2">急性重症肝炎或亚急性重症肝炎</td><td>24</td><td>重型再生障碍性贫血</td></tr>
<tr><td>9</td><td colspan="2">严重非恶性颅内肿瘤——需开颅手术或放射治疗</td><td>25</td><td>主动脉手术——需开胸（含胸腔镜下）或开腹（含腹腔镜下）手术</td></tr>
</table>

续表

<table>
<tr><th>序号</th><th>疾病名称</th><th>序号</th><th colspan="2">疾病名称</th></tr>
<tr><td>10</td><td>严重慢性肝衰竭——不包括酗酒或药物滥用所致</td><td>26</td><td colspan="2">严重慢性呼吸衰竭——永久不可逆</td></tr>
<tr><td>11</td><td>严重脑炎后遗症或严重脑膜炎后遗症——永久性的功能障碍</td><td>27</td><td colspan="2">严重克罗恩病——瘘管形成</td></tr>
<tr><td>12</td><td>深度昏迷——不包括酗酒或药物滥用所致</td><td>28</td><td colspan="2">严重溃疡性结肠炎——需结肠切除或回肠造瘘术</td></tr>
<tr><td>13</td><td>双耳失聪——永久不可逆</td><td>29</td><td rowspan="3">3种轻症</td><td>恶性肿瘤——轻度</td></tr>
<tr><td>14</td><td>双目失明——永久不可逆</td><td>30</td><td>较轻急性心肌梗死</td></tr>
<tr><td>15</td><td>瘫痪——永久完全</td><td>31</td><td>轻度脑中风后遗症——永久性的功能障碍</td></tr>
<tr><td>16</td><td>心脏瓣膜手术——须切开心脏手术</td><td>/</td><td colspan="2">/</td></tr>
</table>

重疾险并不考虑被保险人就医的实际支出，而是按合同约定，得了哪项重大疾病，就直接赔付约定好的金额。例如上面佟伯的案例中，保险合同约定罹患肺癌的赔付金额是 10 万元，保险公司就一次性拿出 10 万元进行赔付。至于这笔钱如何使用，由拿到钱的人自主决定。

根据《中国人身保险业重大疾病经验发生率表（2020）》，45 岁以后，人们罹患重大疾病（即上表中提到的 28 种重度疾病）的概率如下图所示：

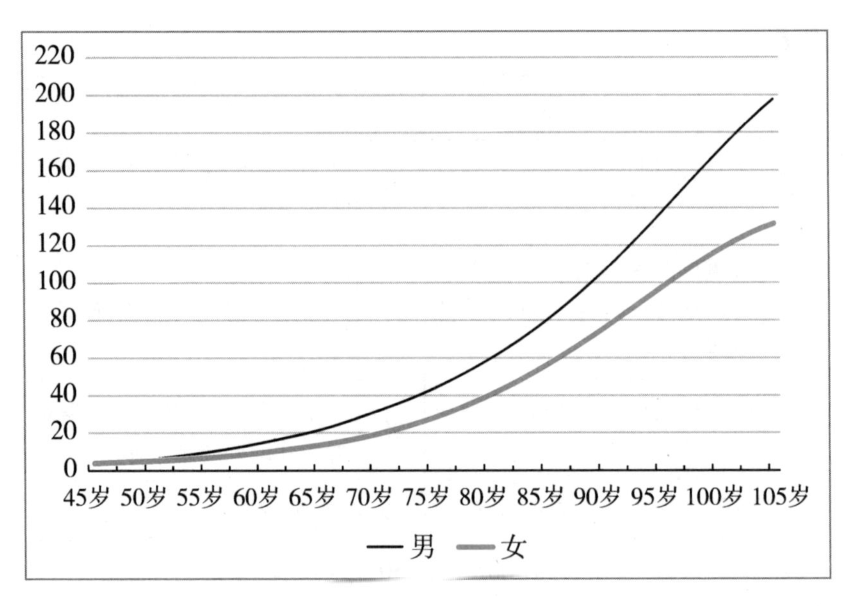

图 1–10　重大疾病经验发生率年龄走势图（单位 1/1000）

我们可以看到，随着年龄的增长，罹患重大疾病的概率逐渐增加，男性的概率普遍要高于女性。根据平安人寿于 2020 年发布的《平安人寿近五年承保理赔风险报告》，中老年重大疾病风险排名前三的如下表所示。

表 1–7　平安人寿报告中近五年中老年重大疾病风险排名前三名

排序	41~60 岁	61 岁以上
1	恶性肿瘤	恶性肿瘤
2	严重冠心病	严重冠心病
3	急性心肌梗塞	脑中风后遗症

由此可见，“恶性肿瘤”，也就是我们常说的“癌症”，是中老年人重大疾病中发生概率最高、危害最大的一类疾病。根据《中国卫生健康统计年鉴 2020》，城市和农村居民患不同种类癌症的死亡率如下图：

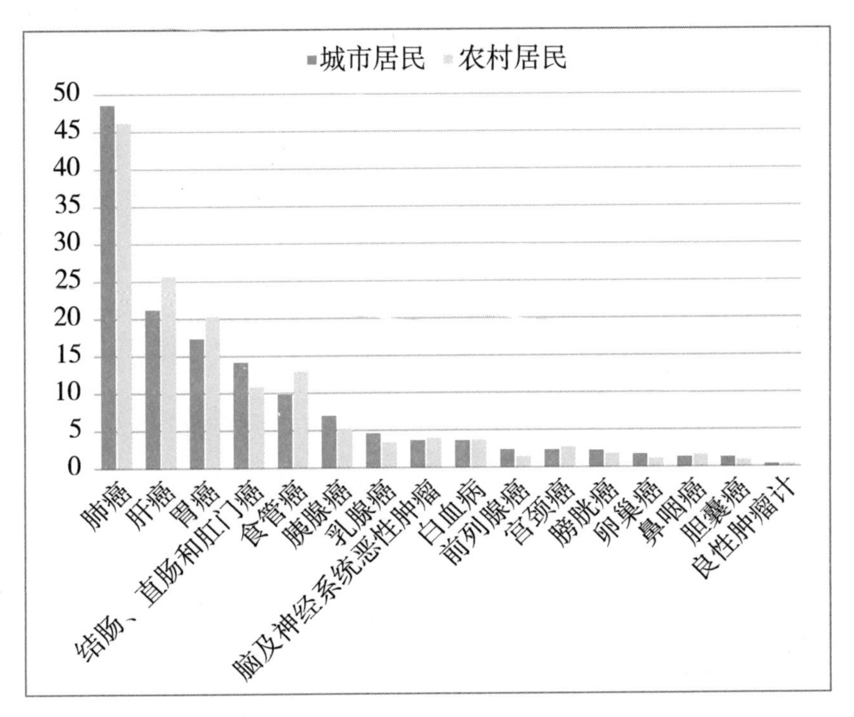

图 1–11　2019 年城市和农村居民不同肿瘤死亡率排序图（1/10 万）

从图中可以看出，2019 年国人死亡率最高的前三大癌症分别为肺癌、肝癌和胃癌。这跟我国庞大的烟民群体、饮酒文化和饮食习惯有着密切关联。有长期吸烟、饮酒等其他不良生活习惯，或一级亲属（即父母、子女、亲兄弟姐妹）中有患重大疾病的人群，尤其需要注意这类风险。

重大疾病的保险期限通常较长，可以选择保几十年甚至终身。这类保险通常越年轻投保费用越低，而随着年龄的增大，由于身体原因被拒保的概率增大、费用也会增加。所以，重大疾病保险的配置一定要尽早安排。

失能风险

（一）什么是失能风险

胡奶奶今年 81 了，几个月前因高血压中风而偏瘫，导致生活无法自理，日常穿衣、吃饭、洗澡、如厕等都需要有人照顾。最开始女儿和老伴轮流照顾着胡奶奶，由于上了年纪，都感觉到比较吃力，于是他们请了保姆，在保姆的帮助下一起照顾胡奶奶的日常起居。

失能的定义

根据世界卫生组织(WHO)的《国际功能、残疾和健康分类》(*international classification of function*, *disability and health*, ICF),失能是包括功能受损、活动受限及社会功能受限在内的总括性术语,涵盖身体结构和功能、活动、社会参与三个方面。

顾名思义,"失能"即丧失日常生活的部分能力。失能大部分是由于年龄增长、身体机能和认知能力发生退化所致。由于我国人口基数庞大,处于失能状态的老年人口数量也较大,目前我国失能、半失能老年人口数量已超过4000万人。根据中国保险行业协会和中国社会科学院人口与劳动经济研究所联合发布的《2018—2019中国长期护理调研报告》,在接受调查的23个城市的老年人中[①],总体失能率为11.8%,其中4.8%的老年人处于重度失能,7%处于中度失能,超过十分之一的老年人在穿衣、吃饭、洗澡、如厕等方面的基本生活无法自理。

失能的评定,经常采用的是国际上通用的"巴塞尔指数",其评定内容如下表8,我们可以参照着对自己和家人进行测评。

① 老年人样本地区包括:武汉、贵阳、苏州、成都、青岛、上海、南通、广州、哈尔滨、重庆、合肥、安庆、北京、吉林、济南、长春、长沙、承德、西安、宁波、潍坊、烟台、桂林。

表 1–8　国际失能评定方法的“巴塞尔指数”评分表

项目	自理	稍依赖	较大依赖	完全依赖	得分
进食	10	5	0	0	
洗澡	5	0	0	0	
修饰	5	0	0	0	
穿衣	10	5	0	0	
控制大便	10	5	0	0	
控制小便	10	5	0	0	
上厕所	10	5	0	0	
床椅转移	15	10	5	0	
行走	15	10	5	0	
上下楼梯	10	5	0	0	
总分					

备注：各项加总后得到一项总分，总分的评定分析如下：
100 分：日常生活活动能力良好，不需要依赖他人
60–100 分：日常生活活动能力良好，有轻度功能障碍，但日常生活基本自理
41–60 分：有中度功能障碍，即中度失能，日常生活需要一定的帮助
21–40 分：有重度功能障碍，即重度失能，日常生活明显需要依赖他人
20 分以下：完全残疾，日常生活完全依赖他人

表 1–9　失能状况年龄阶段分布表

年龄	失能阶段	完全独立比例	中度及重度失能比例
64 岁及以前	基本独立阶段	高于 86%	低于 6%
65–79 岁	失能问题出现	约 70%	12%~14%
80 岁及以上	失能问题加剧	低于 63%	20%~25%

资料来源：《2018—2019 中国长期护理调研报告》

随着年龄的增长，失能问题出现的比率也会增加。失能状态随年龄增长可以分为三个阶段：基本独立阶段、失能问题出现和失能问题加剧阶段。其中，65 岁左右的年龄段是面临失能风险的重要转折点。从上面的表格可以看出，65 岁以前，中度及重度失能比例低于 6%；而到了 65 岁之后，提升至 12% 以上；85 岁之后甚至超过了 20%。随着我国人均预期寿命的不断增加，失能老年人的比例也在不断扩大。

失能不仅会为自己和家人带来负担，失能状态也会明显提高患慢性病的可能性。据统计，中度以上失能老年人慢性病患病率为 97%，而生活自理老人慢性病患病率仅为 62.5%。其中，心脑血管疾病、癌症、阿尔茨海默病（老年性痴呆）、呼吸系统疾病和帕金森症的患病比例，与失能状态之间有显著的关联。

失能状态所产生的直接需求，就是护理服务。失能老人特别是中度及重度失能老人的日常生活起居，都需要有人来照顾护理。根据调查，我国大多数失能老年人的照护工作目前主要由亲属完成，其中，子女所占比例最大。

如下图所示，中度失能老人护理服务的提供有 40% 来自子女，22.1% 来自老伴，10.8% 来自保姆，25.4% 来自专业机构。重度失能老人护理服务的提供有 35.4% 来自子女，18.4% 来自老伴，12.6% 来自保姆，32.6% 来自专业机构。其中，专业机构包括医院、养老院、护理院等第三方专业机构。

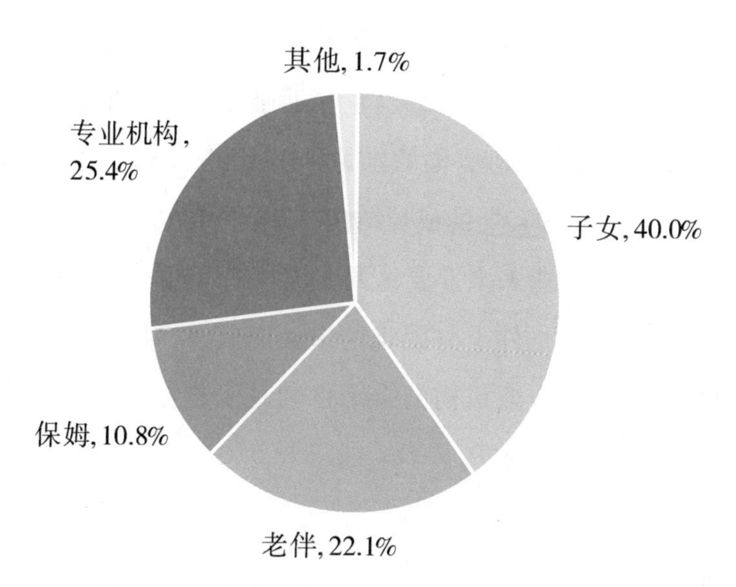

图 1-12　中度失能老人护理服务提供者统计图

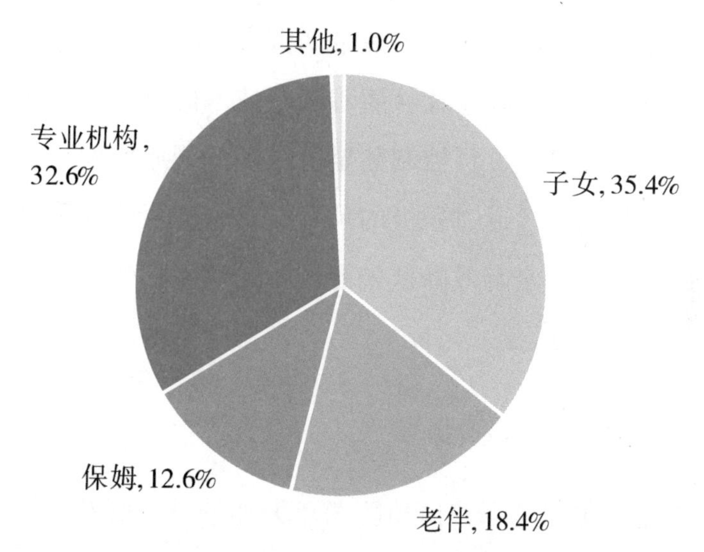

图 1-13　重度失能老人护理服务提供者统计图

资料来源：《2018-2019 中国长期护理调研报告》

由此可见，当前我国失能老人主要的照护责任还是在子女身上，而越来越多的家庭也正在面临“一人失能，全家失衡”的难题。随着老龄化的加剧，我国许多现有家庭都是“4+2+1”或“4+2+2”的成员结构，即4个老人、一对夫妻、一或两个孩子。在未来，要让两夫妻去扛下四个老人的照护工作，无疑将是一件十分困难的事。因此，医院、养老院和护理院等第三方专业机构的作用也会越来越重要，将成为更多家庭照护老人的选择。

（二）失能风险的防控

失能虽然会给我们的生活带来极大的不便，但这其实是一类可以预见的风险，并且随着医疗技术的进步，它也将会转变为一类可管理、可控制甚至可逆转的健康问题。在中老年阶段，我们可以通过积极的预防措施、健康管理手段和科学的照护方法，来有效降低失能发生的风险，或减轻失能给我们生活带来的危害。

1. 失能预防的核心信息

首先，我们应当如何预防老年失能的发生呢？要知道，失能是老年人体力与脑力的下降和外在环境综合作用的结果，引起老年人失能的危险因素包括衰弱、肌少症、营养不良、视力下降、听力下降、失智等老年综合征和急慢性疾病；不适合老年人的环境和照护，也会引起和加重老年人的失能状态。要预防老年失能，我们需要科学、系统的一整套健康管理方式，而不能寄希望于仅靠一两种措施实现有效预防。

为提高失能预防知识水平，降低老年人失能发生率，2019 年国家卫生健康委员会印发《老年失能预防核心信息》，共有十六条，为大家提供了预防老年失能的系统方法。

第一，提高老年人健康素养。正确认识衰老，树立积极的老龄观，通过科学、权威的渠道获取健康知识和技能，慎重选用保健品和家用医疗器械（参见第 1 册相关部分）。

第二，改善营养状况。合理膳食、均衡营养（参见第 1 册相关部分），定期参加营养状况筛查与评估，接受专业营养指导，营养不良的老年人应当遵医嘱使用营养补充剂。

第三，改善骨骼肌肉功能。鼓励户外活动，进行适当的体育锻炼，增强平衡力、耐力、灵活性和肌肉强度。

第四，进行预防接种。建议老年人定期注射肺炎球菌疫苗和带状疱疹疫苗，流感流行季前在医生的指导下接种流感疫苗。

第五，预防跌倒。增强防跌意识，学习防跌常识，参加跌倒风险评估，积极干预风险因素。

第六，关注心理健康。保持良好心态，学会自我调适，识别焦虑、抑郁等不良情绪和痴呆早期表现，积极寻求帮助

（参见第1册相关部分）。

第七，维护社会功能。多参加社交活动，丰富老年生活，避免社会隔离。

第八，管理老年常见疾病及老年综合征。定期体检，管理血压、血糖和血脂等，早期发现和干预心脑血管病、骨关节病、慢阻肺等老年常见疾病和老年综合征。

第九，科学合理用药。遵医嘱用药，了解适应症、禁忌症，关注多重用药，用药期间出现不良反应及时就诊。

第十，避免绝对静养。提倡老年人坚持进行力所能及的体力活动，避免长期卧床、受伤和术后的绝对静养造成的“废用综合征”。

第十一，重视功能康复。重视康复治疗与训练，合理配置和使用辅具，使之起到改善和代偿功能的作用。

第十二，早期识别失能高危人群。高龄、新近出院或功能下降的老年人应当接受老年综合评估服务，有明显认知功能和运动功能减退的老年人要尽早就诊。

第十三，尊重老年人的养老意愿。尽量居住在熟悉的环境里，根据自己的意愿选择居住场所和照护人员。

第十四，重视生活环境安全。对社区、家庭进行适老化改造。注意水、电、气等设施的安全，安装和维护报警装置。

第十五，提高照护能力。向照护人员提供专业照护培训和支持服务，对照护人员进行心理关怀和干预。

第十六，营造老年友好氛围。关注老年人健康，传承尊老爱老敬老的传统美德，建设老年友好的社会环境。

以上 16 项核心信息比较全面，但不够具体，要真正落到实处，需要针对不同家庭和老人的实际情况加以细化并严格执行。比如，居住环境的老龄化改造，可能就涉及增强照明、洗手间扶手的安装、家居的替换和摆放、有棱角家居的软包处理、厨房防煤气（天然气）泄漏设备、烟雾报警器，洗手间、厨房和客厅的急救电话（因为手机的普及，这一点很容易忽略，毕竟老人不是经常把手机带在身边或手边）、房间出入安全

通道、各种线缆的收拾等。请大家务必对照自己家庭的实际情况做出细致的安排，并切实地付诸实际行动。

2. 失能后的科学照护

（1）家庭照护的方法技巧

对于选择由亲属自行照顾失能老人的家庭，我们可以学习一些基础的护理方法，来帮助我们达到更好的照护效果。根据《健康中国》发布的《失能老人实用照护指南》，在失能老人的照护当中，有以下六项操作技巧可供大家参考。

第一项，口腔护理。老年人牙周疾病患病率较高，口腔的温湿度、食物的残渣，都适合微生物的生长。照护者可早晚用盐水棉球擦拭其口腔，注意棉球干湿度以不滴水为宜，防止过湿引发误吸，神志清楚且无吞咽障碍的老人可用漱口水去除口腔异味。

第二项，皮肤护理。失能老人多数伴随行动障碍，长期卧床老年人常见的并发症就是压疮，因为局部长期受压，组织缺血缺氧导致皮肤破溃，即褥疮。一旦出现皮肤破溃，对失能老人无疑是雪上加霜，照护者掌握预防方法尤为重要。床垫要软硬适中，可使用防压疮气垫，每 2~4 小时协助老人翻身一次，可在老人全身骨隆突处放置气垫，如骶尾部、髋部、肘部等，保持局部皮肤清洁干燥。

第三项，管路护理。部分失能老人长期携带胃管、尿管等，管路要妥善固定，防止反折以及翻身时牵拉造成管路滑脱。记录好更换日期，提前预约社区医院进行管路更换。

第四项，进食护理。老年人宜食用清淡宜消化的食物，进食速度宜慢，进食过程中不要和老人交谈，防止误吸。卧床老人进食后应抬高上身 30~45 度，保持大概 30 分钟，防止食物反流引起的误吸窒息。

第五项，体位护理。失能老人偏瘫居多，一侧肢体活动不利，患肢处于失能失用状态，如果不给予正确的摆放，对老人日后的功能锻炼、机能恢复有着不可逆的伤害。以仰卧位为例，要在老人偏瘫一侧膝部外放枕头，防止屈膝位突然旋转造成肌肉拉伤；足部保持足尖向上，防止足下垂造成功能失用。

第六项，安全指导。有些半失能老人可以缓慢行走，但行走步态不稳，反应能力下降，使跌倒时有发生。老年人常有骨质疏松，跌倒后骨折风险大大增加。要通过有效预防，最大限度避免意外发生，日常穿防滑鞋，使用助行器具，屋内物品摆放尽量固定，活动空间宽敞无障碍。

除了身体上的照护之外，对于失能老人的心理照护同样重要。这需要我们日常给予倾听和陪伴，帮助老人找到爱和归属感。同时，照护者也应当注意自己的心理状态，对于不良情绪予以及时的疏导，时不时给自己一些放松的空间，尽可能保持自己的身心健康。

（2）找保姆的实用技巧

除了亲属自行照顾之外，部分家庭也选择聘请保姆来照顾失能老人，以减轻家庭成员的负担。保姆，又叫家政服务人员，随着时代的发展、社会分工的细化，市场对这一行业从业人员的需求越来越大。然而，由于我国暂时还没有全国性法律或法规来规范家政行业，目前我们的家政市场存在着很多乱象。例如，家政服务从业人员普遍存在着缺乏专业培训、流动性高、稳定性差等问题；一些无牌无证的“黑中介”家政公司混迹于行业中；家政服务人员和雇主双方的权益都无法得到保障；等等。

面对尚未规范的家政行业，一方面我们要相信随着社会的发展，这个朝阳行业的管理会在将来逐步完善健全；另一方面，在现有的家政服务市场，我们可以采用科学的方法和技巧，来挑选合适的家政服务人员。接下来我们为大家提供一些找保姆的实用技巧，供大家参考。

一是选靠谱的渠道。目前，多数家庭请保姆的渠道主要有三种：通过家政公司挑选保姆，通过熟人介绍曾经聘请过的保姆，或直接请老家的亲戚朋友当保姆。这三种方式各有利弊，我们总结成下表，供大家参考。

表1–10　不同渠道请保姆的优缺点

	优点	缺点
通过家政公司	可选人员多，方便更换；受过专业培训；发生纠纷时公司可出面协调、承担一定责任。	人员不熟悉，缺乏信任；未经过试用，无法保障服务好坏。
通过熟人介绍	经过试用有口碑保障，有一定专业经验。	可选人员少，不方便更换；发生纠纷时不易协调。
请老家亲戚朋友	知根知底、熟悉信任。	可选人员有限；缺乏专业训练和经验；不满意时碍于情面不便更换；发生纠纷时不易协调。

以上三种渠道，我们可以根据自家的实际情况进行选择。如果我们选择通过家政公司，建议尽可能通过大型正规家政公司聘请保姆，对公司提前做好充分调查；如果我们选择通过熟人介绍或请亲戚朋友当保姆，建议尽量从多个侧面对其进行考察，并提前约法三章，以避免日后出现不快。

二是做充分调查。找保姆时，为了避免日后的纠纷和潜在的风险，我们需要在事前对家政公司及保姆充分调查了解。我们在下表中为大家提供了调查内容的建议，大家可以参照表格尽可能多地搜集信息，做到知根知底，心中有数。

表 1–11　保姆调查内容信息搜集表

调查对象	调查内容	调查细项
家政公司	档案资料调查	1. 工商营业执照（经营范围含“家政服务”） 2. 查询国家企业信用信息公示系统（www.gsxt.gov.cn/）中该企业的公示信息，是否与营业执照一致，是否存在行政处罚或经营异常等信息
	口碑及其他调查	1. 是否配备身份证阅读器（用于核实身份证真伪） 2. 是否对家政人员有岗前培训流程 3. 是否给家政人员购买相关保险 4. 周边和网络上对该家政公司的评价如何
家政服务人员	档案资料调查	1. 身份证 2. 健康证（或体检报告） 3. 无犯罪记录证明 4. 个人征信报告
	口碑及其他调查	过往经历、家庭情况、健康状况精神状况

保姆面试和试用。面试是直观了解保姆最重要的方式，建议尽量面试三个以上候选人，让我们有更多选择和比较的余地。在面试保姆时，我们可以重点从以下几个方面进行交流：

首先，感受对方的性格和人品。由于保姆会长时间与我们在同一屋檐下生活，具有“贴身”属性，保姆的“人品”就显得尤为重要，有时甚至比服务技能更为重要。考察时，主要应看她是否人品端正、务实坦诚、勤劳肯干，看这几点往往比看言谈举止更加重要——牢记我们要找的是“能干活”

的人，而不是“能说会道”的人。

其次，聊对方的过往经历。保姆的过往经历能为我们提供一些参考信息，例如询问一下她的家庭情况、工作经历和照护经验等。我们甚至可以简单询问她一些有关失能老人护理的知识（参考上一节），看她是否真的具备相关的经验能力。另外，我们还可以问问她为之前的家庭都干了多长时间、因为什么原因解约、如何评价之前的家庭等，从回答中感受她的态度。

最后，要设置试用期，在正式雇佣前，一般建议要留有一周左右的试用期，试用期内认为不合适，可随时结束雇佣关系并按天数结算工资。

（三）财教授实操课堂：长期护理保险

应对失能风险，我们也有对应的保险工具，即长期护理保险。长期护理险是一种相对来说较新的险种，无论是社会保险还是商业保险，目前都还在试点和探索当中。我们可以提前学习相关知识，以便将来有机会利用好这类工具，帮助自己和家人。

1. 什么是长期护理保险

袁大妈的母亲已经80岁，前几年因为意外跌倒骨折，导致长期卧床，在家24小时都需要有人照顾。袁大妈自己也60了，照顾母亲逐渐感觉到力不从心，特别是在帮母亲洗澡、按摩这一类体力活上。去年听说自己所在的社区在试点长期护理保险，袁大妈抱着试一试的心态，帮母亲递交了申请资料。

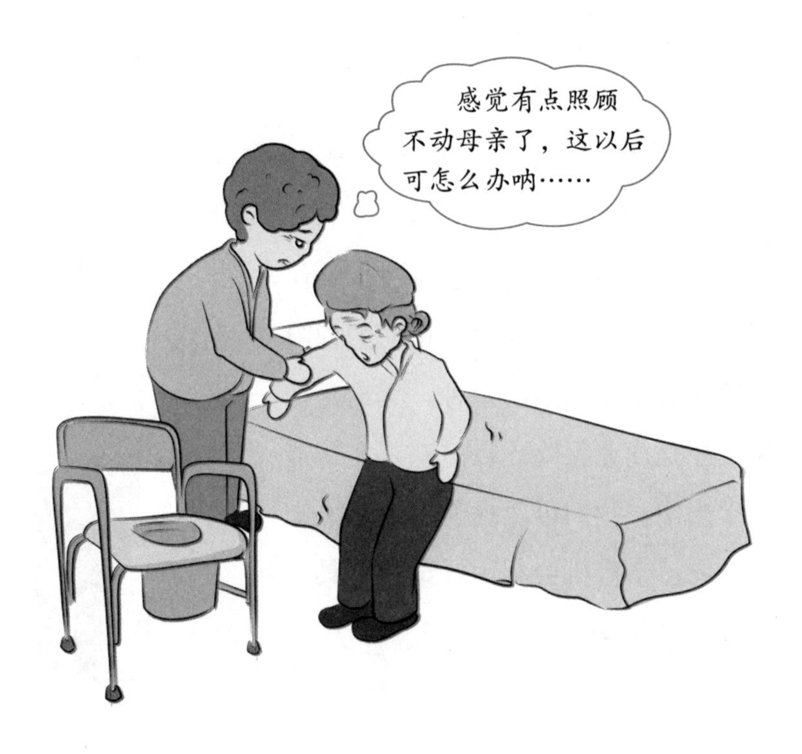

通过专家评估后，袁大妈的母亲与护理服务机构签署了上门服务协议，今年开始享受长期护理险待遇。根据协议，护理员每周上门三次，帮母亲擦洗或沐浴，并用专业的护理手法为她按摩、锻炼肌肉，还陪母亲聊天，这极大减轻了袁大妈的照护压力。渐渐地，母亲的身体状况有所改善，精神状态也明显好转。看到母亲被护理员照顾得很好，袁大妈倍感欣慰。

目前，我国大多数失能老人的照护工作主要由亲属完成，而随着老龄化的加剧，越来越多的家庭也期待着能由专业的护理机构来协助提供护理服务。这样不仅可以减轻家庭成员的负担，还可以让老人得到更专业、更科学的护理。

而对于当下许多家庭来说，由专业护理机构来提供护理服务，最大的问题就是——费用。《2018—2019 中国长期护理调研报告》统计了样本地区失能老人购买三方专业机构（医院、养老院、护理院等）护理服务实际费用的中位数，结果发现：中度失能老人护理服务费用为每月 2000 元，而重度失能老人为每月 4532 元。对于很多家庭来说，这都是一笔不小的开支。

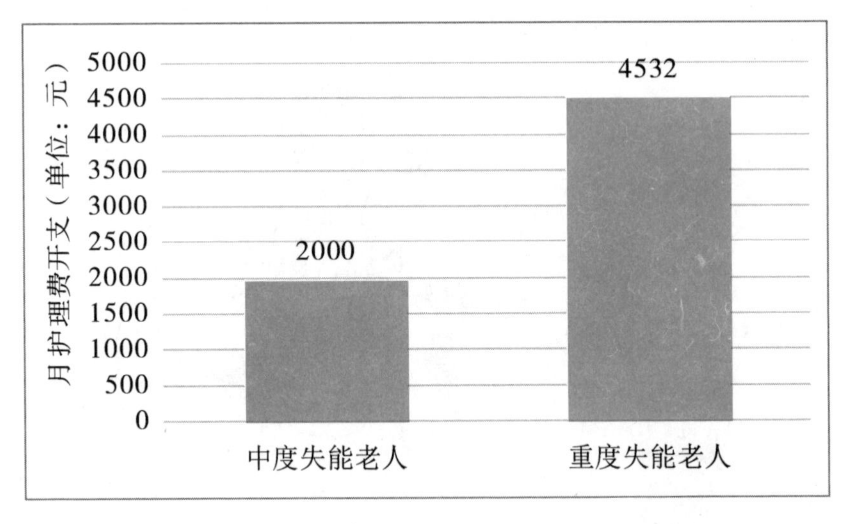

图 1–14　购买三方专业机构护理服务月开支柱形图

随着护理需求的不断扩大，为了解决广大家庭老年成员的照护问题，长期护理保险应运而生。长期护理保险，顾名思义，主要用于保障生活照料所支付的费用，而不包含医疗费用。这类险种在海外已经存续了一个世纪之久，由于其实用性和普遍性而受到了广大家庭的欢迎。

（长期）护理保险的定义

（长期）护理保险是指为因年老、疾病或伤残而需要长期照顾的被保险人提供护理服务费补偿的健康保险。其保险范围分为医护人员看护、中级看护、照顾式看护和家中看护四个等级。

对于长期护理保险的给付方式来说，提供“服务”比提供“金钱”来得更为重要和实在。所以，现有的长期护理保险给付，大多以提供护理服务为主，而不是和其他健康保险一样赔付现金。

在我国当前阶段，长期护理保险的相关产品和制度仍在探索期，我们可以先学习相关知识、多留意新闻报道，做好知识储备。有条件的中老年朋友，可以积极参加本地相关社会保险试点，或配置相关商业保险产品，借助长期护理保险这一工具，来减轻失能风险可能给家庭造成的压力。

2. 长期护理保险——社会保险

长期护理保险也可以分为社会保险和商业保险。社会保险的主要作用是“保基本”，而商业保险则起到“补充社保”的作用，对长期护理保险来说也是一样。

2020年9月16日，国家医保局会同财政部印发《关于扩大长期护理保险制度试点的指导意见》（下称《意见》），进一步扩大社保“第六险”——长期护理保险的试点范围，目前涉及此项制度试点的城市已达49个。

表 1-12 社保长期护理险最新试点城市名单

序号	省份	试点城市
一、新增试点城市		
1	北京市	石景山区
2	天津市	天津市
3	山西省	晋城市
4	内蒙古自治区	呼和浩特市
5	辽宁省	盘锦市
6	福建省	福州市
7	河南省	开封市
8	湖南省	湘潭市
9	广西壮族自治区	南宁市
10	贵州省	黔西南布依族苗族自治州
11	云南省	昆明市

续表

序号	省份	试点城市
12	陕西省	汉中市
13	甘肃省	甘南藏族自治州
14	新疆维吾尔自治区	乌鲁木齐市
二、原有试点城市		
1	河北省	承德市
2	吉林省	长春市、吉林市、通化市、松原市、梅河口市、珲春市
3	黑龙江省	齐齐哈尔市
4	上海市	上海市
5	江苏省	苏州市、南通市
6	浙江省	宁波市
7	安徽省	安庆市
8	江西省	上饶市
9	山东省	济南市、青岛市、淄博市、枣庄市、东营市、烟台市、潍坊市、济宁市、泰安市、威海市、日照市、临沂市、德州市、聊城市、滨州市、菏泽市
10	湖北省	荆门市
11	广东省	广州市
12	重庆市	重庆市
13	四川省	成都市
14	新疆建设兵团	石河子市

资料来源：《关于扩大长期护理保险制度试点的指导意见》

长期护理保险，是以互助共济方式筹集资金、为长期失能人员的基本生活照料和与之密切相关的医疗护理提供服务或资金保障的社会保险制度。此次公布的《意见》明确规定了以下问题：在待遇享受上，失能状态持续6个月以上的参保人员，依申请并通过失能评估认定的，方可按规定享受相应待遇；在支付范围上，保险基金主要用于购买和支付协议机构和人员提供的基本护理服务费用等。目前在试点地区，长期护理保险的服务形式主要有以下三种：医疗机构护理、养老机构及护理机构护理、居家护理。

长期护理保险目前仍在探索改进，试点阶段从职工基本医疗保险参保人群起步，重点解决重度失能人员的基本护理保障需求。在试点城市的中老年朋友可以向当地社保局咨询，有条件的可积极参与投保。

3. 长期护理保险——商业保险

调研发现，在我国青壮年群体的意识当中，护理规划的重要性和可行性之间存在矛盾：超过一半（51.6%）的成年人认为必须在年轻时就进行护理规划，但更多的人（60.2%）认为规划的执行较为困难。和失能风险直接相关的长期护理保险，在各个商业人身险中购买率也是最低的（见图1-15），这个调查结果与我国当下商业护理保险的发展水平密切相关。

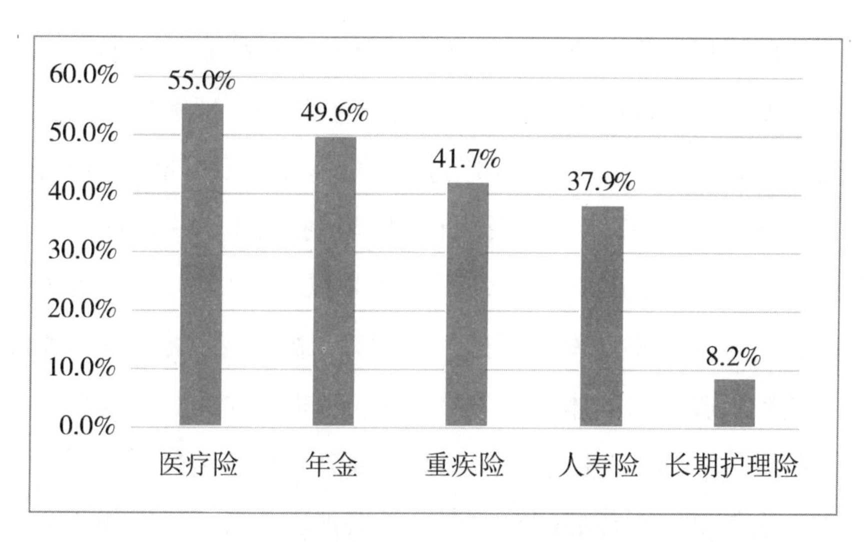

图 1-15　30~59 岁成年人不同商业人身保险购买率分布图

资料来源：《2018—2019 中国长期护理调研报告》

截至 2021 年 2 月，国内在售长期护理保险产品的保险公司有 31 家[①]，以专业健康保险公司为主。其中，中国人民健康保险（33 个）、昆仑健康保险（10 个）、和谐健康保险（8 个）在售的长期护理保险产品，占所有在售长期护理保险产品总数的 53%（共 97 个）。

① 通过中国保险业协会产品查询系统检索到在售长期护理保险产品的公司有：安邦人寿、财信吉祥人寿、东吴人寿、复星联合健康、光大永明人寿、国宝人寿、和谐健康、恒安标准人寿、华夏人寿、昆仑健康、陆家嘴国泰人寿、平安养老、瑞华健康、瑞泰人寿、太保安联健康、太平人寿、太平养老、泰康人寿、泰康养老、新华人寿、信诚人寿、信美人寿、中国平安人寿、中国人民健康、中国人民人寿、中国人寿、中国太平洋人寿、中韩人寿、中荷人寿、中美联泰大都会人寿、中英人寿。

目前我国的商业长期护理险依然在发展探索的初期，还存在着较大的局限性。首先，当下商业长期护理保险所覆盖的被保险人投保年龄一般不超过65岁，保险期限不超过75岁，而根据《2018—2019中国长期护理调研报告》，失能问题的出现和加剧均在65岁以后，其中80岁以上老人中度及重度失能比例高达20%~25%。可见，80岁以上高龄老人才是最需要长期护理服务的群体，而多数商业长期护理险无法覆盖这一年龄群体。其次，保险费用偏高、部分产品的给付条件严苛等，也是亟需改善的问题。商业长期护理险目前可以作为我们防范失能风险的一类备选项，供有条件的中老年朋友选择配置。

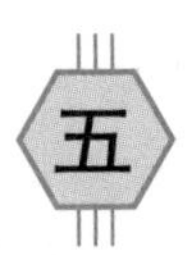

财务风险

（一）什么是财务风险

老何两口子已经退休多年，想着老两口每月的退休金够用，前年就把所有的存款都拿去给孩子买了房，一丁点都没给自己留。很不幸，老何今年被检查出患上了慢性阻塞性肺病，医药、护理费用支出陡然增加，每月的退休金入不敷出，两口子的经济状况开始急转直下。

财务风险，通俗来说就是“钱不够用”的风险，通常发生在收入大幅减少或中断，或者突然遇到不可避免的大额或持续开支的时期。人的一生都可能遇到财务风险，老年阶段财务风险的破坏力尤其大，原因是对大多数老年人来说，年老后的赚钱能力大不如从前，财富的再生、恢复能力也会大幅下降，对财务风险的抵抗力也大幅下滑。所以，咱们要尤其注意防范老年时的财务风险。

老年阶段最大的潜在开支，就是与身体健康有关的费用开支，而这类开支的发生通常是难以预知和控制的。根据国家卫健委老龄司司长王海东在2019年“健康中国行动”新闻发布会上的汇报，截至2018年年底，我国人均预期寿命为77.0岁，但我国人均健康预期寿命仅为68.7岁；超过1.8亿老年人患有慢性病，患有一种及以上慢性病的比例高达75%。这些数据表明，老年人平均将面临接近十年的非健康寿命，慢性病将伴随着大多数老年人的日常生活。到了这个阶段，各类检查、医疗、护理等费用开支接踵而至，如果没有做好充分的财务准备，则很可能让自己和家庭陷入窘境。

根据国家卫生健康委员会编制的《中国卫生健康统计年鉴 2020》，2019 年各级医院部分病种平均住院医药费用如下图所示，我们可以做个参考。

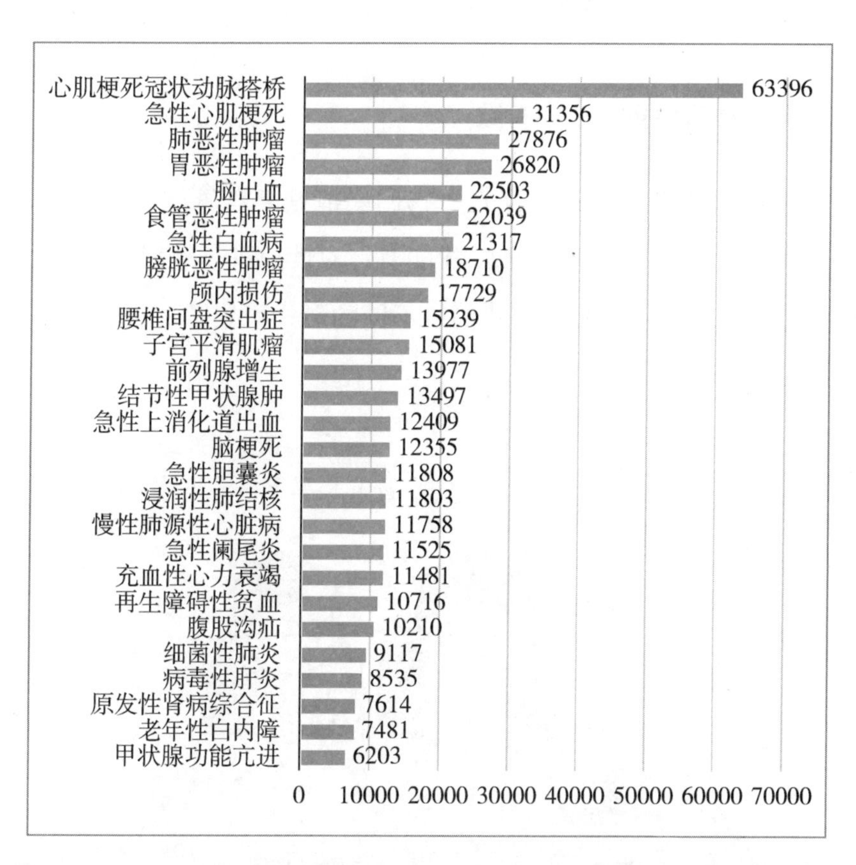

图 1–16　2019 年各级医院部分病种平均住院医药费用（元）的分布情况

除了以上住院医药费用之外，由于老年慢性病、老年失能所产生的日常医药费、护理费也是一笔不确定的持续开支，社会医疗保险能为我们减轻的负担非常有限。所以，为了我们能有一个幸福、从容的晚年，提前做好相应的财务准备工作，显得尤为重要。

（二）财务风险的防范

1. 理清财务，心中有数

要做好财务准备，首先，我们要清楚自己家庭目前的资产和负债、收入和支出情况，才能有针对性地进行规划和安排。经过了大半辈子的打拼，我们以不同的形式积累了一些财富，

如房产、汽车、存款、理财等；日常每月里，我们也有不同形式的收入和支出。

我们对家庭的这些财务情况是了如指掌，还是只是模模糊糊知道个大概，或者蒙头蒙脑一笔糊涂账？我们在本套丛书的第一册《谁也别想骗到我——养老理财智慧》中的第四章和第六章，为大家详尽介绍了家庭资产、负债和收入、支出的整理方式，大家有兴趣的可以前往查阅，我们在这里仅做简述。

资产和负债整理，就是对目前家庭（通常是夫妻二人）所拥有的所有形式的“钱”和“欠款”进行列表整理，列明类别、性状和金额（价格）等信息。例如房产，就列明地址、房产证号等信息，再去房屋交易中介或网络上了解下这套房在二手房市场的估价，然后在表中列出该套房预估能够变现的价值。如果有负债，例如房贷，就列出这笔贷款的未还款金额、期限，我们可以前往银行或征信中心查询剩余贷款金额。

收入和支出整理，就是对目前家庭每个月的收入、支出情况进行列表整理，日常养成记账的习惯。收入包括退休金收入、理财收入等，支出包括日常生活支出、娱乐社交支出、养生健康支出、疾病管理支出等。

整理好以上内容后，我们就可以开始对我们的家庭财务进行调整和规划了。调整和规划的最终目的，就是留出用于大病救急和慢性病护理的合理资金份额。

2. 人身保险，尽早安排

人身保险

人身保险是以人的生命或身体为保险标的，在被保险人的生命或身体发生保险事故或保险期满时，依照保险合同的规定，由保险人向被保险人或受益人给付保险金的保险形式。

通俗来说，人身保险就是“保人”的保险。我们前面提到过的意外伤害保险、医疗保险、重大疾病保险和长期护理保险都属于人身保险。

人身保险是一类非常好的风险管理工具。这类保险会自带“杠杆”功能，能以“小金额”的保费支出，赔付风险事件带来的“大金额”损失——即“以小博大”。不过，人身保险通常对被保险人的年龄、身体状况都有要求；超过一定年龄，或者已经患上了某些疾病，就无法投保，或者保费会大幅度提高，“以小博大”的功能大幅减弱。

以终身型重大疾病保险为例，给健康的新生儿投保这类保险最为便宜，之后随着被保险人的年龄增长，保费也会逐年增加，达到一定年龄后，就不能再投保此类保险（大部分重大疾病保险产品最高承保年龄是 55 岁，少部分产品最高承保年龄是 60 岁，而最高承保年龄 65 岁的产品屈指可数）。如果被保险人在投保时存在健康问题或不良生活习惯，还可能被加费、相关疾病责任免除或拒保。

所以，我们要正确看待和使用人身保险这种工具，有条件的可以尽早根据自身情况在专业人士的指导下进行配置。尽早配置不仅能尽早安心，还能达到省钱的效果。

3. 预留钱款，专款专用

如果因为年龄或身体等原因，已经无法购买人身保险，这个时候，我们就要自己预留出“专项资金”，专门用于应对未来的大病救急和慢性病护理开支，以防范财务风险的发生。要注意的是，这部分预留资金要与其他钱区分开来，“专款专用”，只用于支付医疗费用和护理支出。

“专项资金”的形式，一定要是能够快速支取的“现钱”，可以以活期存款，活期理财，短期理财或中、低风险的开放式基金等形式存放。“专项资金”的建立，可以通过日常节省下来的余钱来慢慢累积；也可以把部分难以及时变现的资产，如非自住的房产、收藏品等，变卖成为货币资产后，转入“专项资金”当中。

有了这部分“专项资金”的存在，我们在遇到大病救急、或者日常的慢性病护理开支时，才能避免现钱不够、手足无措的情况，能有效地为家庭财务增加一道“安全垫”。

（三）财教授实操课堂：社会基本养老保险和商业年金保险

要防范老年阶段财务风险、提前做好财务安排，我们有两种常用的财富管理工具。一种是社会基本养老保险，一种是商业年金保险。

1. 什么是社会基本养老保险

社会基本养老保险是国家强制实施的保障制度，也是社会保险制度中最重要的险种之一。社会基本养老保险的费用一般由国家、企业和个人共同承担，主要用于尽可能保障更大范围人群退休后的基本生活水平，也就是我们常说的“广覆盖、保基本”。社会基本养老保险可以为我们退休后的生活提供最基本的保障。

（1）我国社会基本养老保险的构成

我国基本养老保险制度，如前所述，目前由“城镇职工基本养老保险”和“城乡居民基本养老保险”两个部分构成；

其中，城乡居民基本养老保险是原来的“城镇居民社会养老保险（城居保）”和“新型农村社会养老保险（新农保）”合并后的统称。目前“城镇职工基本养老保险”和“城乡居民基本养老保险”的特点和区别如下：

社会基本养老保险

社会基本养老保险，是国家和社会根据相关法律和法规，为解决劳动者在达到国家规定的解除劳动义务的劳动年龄界限，或因年老丧失劳动能力退出劳动岗位后的基本生活而建立的一种社会保险制度。

第一，参保对象和实施强度不同。

第二，缴费方式不同。

第三，退休年龄不同。

城乡居民基本养老保险

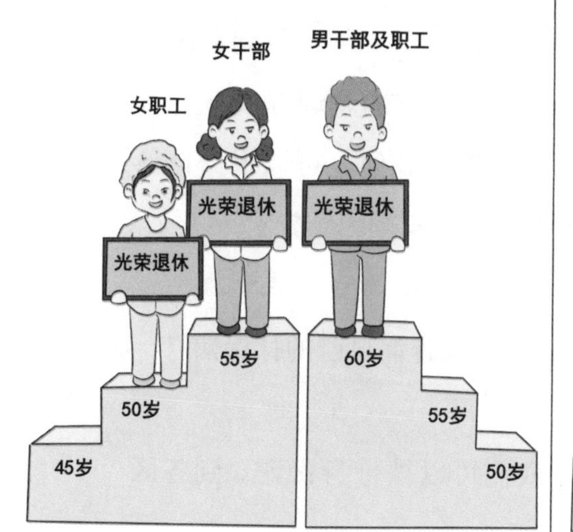

第四，待遇标准不同。

以上两类保险的共同点是：多缴多得，长缴长得。且无论是参加城镇职工养老保险还是城乡居民养老保险，领取养老待遇时对累计缴费年限的要求都是满十五年；若到退休年龄还未缴满 15 年的，可以根据实际情况选择顺延缴费或一次性补缴。除了企业职工强制参保之外，其他人可以根据自己的经济情况，合理选择适合自己的社会养老保险参保。

（2）社保查询的方式

想要咨询当地社保相关事宜，或者查询自己的社保信息，我们可以通过以下几种方式。

第一种，社保中心查询。我们可以携带身份证，到各区社会保险经办机构业务办理大厅查询。办理大厅中设有自助查询终端设备，参保人员可以凭借本人身份证，通过终端设备的证件感应区，查询到自己的养老保险缴费和记账情况。也可以排号，通过现场的人工服务查询。

第二种，电话咨询。我们可以拨打劳动保障综合服务电话“12333”进行政策咨询和信息查询。

第三种，上网查询。我们可以登陆自己社保所在城市的劳动保障网或社会保险业务网站，点击“个人社保信息查询”窗口，输入本人身份证号和密码，即可查询到本人参保信息和缴费情况[①]。

2. 什么是商业年金保险

50岁的刘太太是一名个体工商户，虽然一直在主动缴纳城镇居民社会养老保险，但仍然对自己以后的养老没有安全感。她从朋友那里了解到“年金保险”这种金融工具，感觉很适合自己，一来可以在当下强制自己储蓄，二来可以为以后准备一份稳定的养老金。刘太太于是前往保险公司，在专业人士的指导下为自己购买了一份养老年金保险。

① 中国保险行业协会，人身险产品信息库的消费者查询入口
http://www.iachina.cn/art/2017/6/29/art_71_45682.html

年金保险的定义

年金保险是指以生存与否为给付保险金条件，按约定分期给付保险金，且分期给付保险金的间隔不超过一年（含一年）的人寿保险。

现在刘太太65岁了，已经退休不再做生意，但是有着两份持续稳定的养老金收入。一份是社保的养老金，另一份是养老年金保险的年金。这两份养老金足以满足她的日常生活开支，加上之前的储蓄，她心里感觉很踏实。

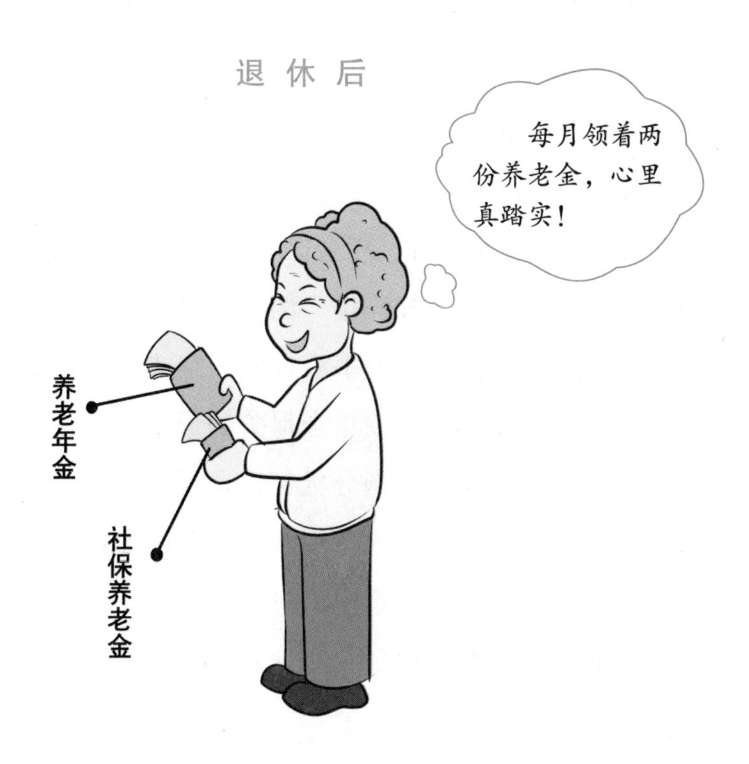

年金保险是普通型人寿保险的一种，通常用于不同人生阶段的资金安排。年金保险主要的资金安排形式就是投保人在当下分多次或者一次性存入一笔钱，然后在未来某个约定的时间段，由指定的受益人分批领取这笔钱；保险公司通常会给这笔钱一定的增值，以抵抗通货膨胀。这里要注意的是，年金保险主要的作用是“安排资金”，而并非追求收益，其年化收益率通常也不会超过同时期银行一年期固定收益理财产品的收益率。

年金保险在养老的安排方面，可以作为社保的补充。上面漫画中的案例就是刘太太在50岁时，为自己存入了一笔年金保险，到了65岁的时候开始按月领取，作为自己社保养老金之外的补充。

除了“养老金”外，年金保险还可以用于“教育金”“婚嫁金”和“传承金”等安排。例如，想把自己大额的财产传承给孩子，又怕孩子拿到手后挥霍一空或者上当被人把钱骗走，咱们就可以把财产以年金保险的形式进行传承，让孩子只能按约定的时间和金额分批领取这笔钱。这样我们就能把一次性的财产传承，变成“细水长流”的类似“发工资”的形式传承，减少很多传承中的风险。更多关于财富传承的内容，在本套丛书第四册《财德仁心永留传——财富传承智慧》当中为大家详细介绍。

年金保险是一种非常好用的资金安排工具，建议有条件的朋友可以在专业人士的指导下，配置适合自己的年金产品。

未雨绸缪智慧多，尽早规划烦恼少。

防范伤害风险口诀

老来身骨不复坚，伤害风险要防范；
跌倒摔伤别小看，骨折致残很普遍；
交通规则要遵守，看灯切莫抢时间；
摩擦拌嘴不动手，伤人伤身恢复难；
宠物牵绳勿敞放，注射疫苗防狂犬；
居住环境要安全，调理身心常锻炼；
保险工具添保障，主动学习弃偏见；
用好意外伤害险，关键时刻保心安。

防范疾病风险口诀

大病小病让人愁，提前防范健康留；
营养均衡宜搭配，限糖控盐并控油；
锻炼身体情绪好，尽量戒烟且戒酒；
定期体检作用大，重疾早期都有救；
不抱侥幸不大意，疾病风险人人有；
重疾保险尽早买，医疗保险能分忧。

防范失能风险口诀

不能自理挺可怕，一人失能苦全家；
预防失能十六条，健康素养不能差；
生活习惯调整好，积极改变不拖拉；
失能照护很辛苦，学点技巧帮助大；
请家政前需审查，保姆重在人品佳；
护理保险来试点，主动参与跟紧它。

防范财务风险口诀

预期寿命年年高，养老不把他人靠；
家中财务要清晰，收支状况考虑到；
治病救急留专款，配置保险要尽早；
基本保障有社保，主动参保有必要；
增加保障用年金，专业人士能指导；

◆ 五德财商之本章财德

保钱之德源于礼

保德： 除了我们所拥有的房产、存款等财富之外，身体也是咱们极其重要的财富；而随着年龄的增长，我们身体所面临的风险也在增加。要保护好以上这些财富，降低风险发生的概率、减少风险事件发生带来的损失，我们需要在心理上理解风险的客观存在、对风险抱有一颗敬畏之心，在行动上要提前预防、做好充分的准备和保护。这是既对自己也对家人负责任的表现。

本章知识要点

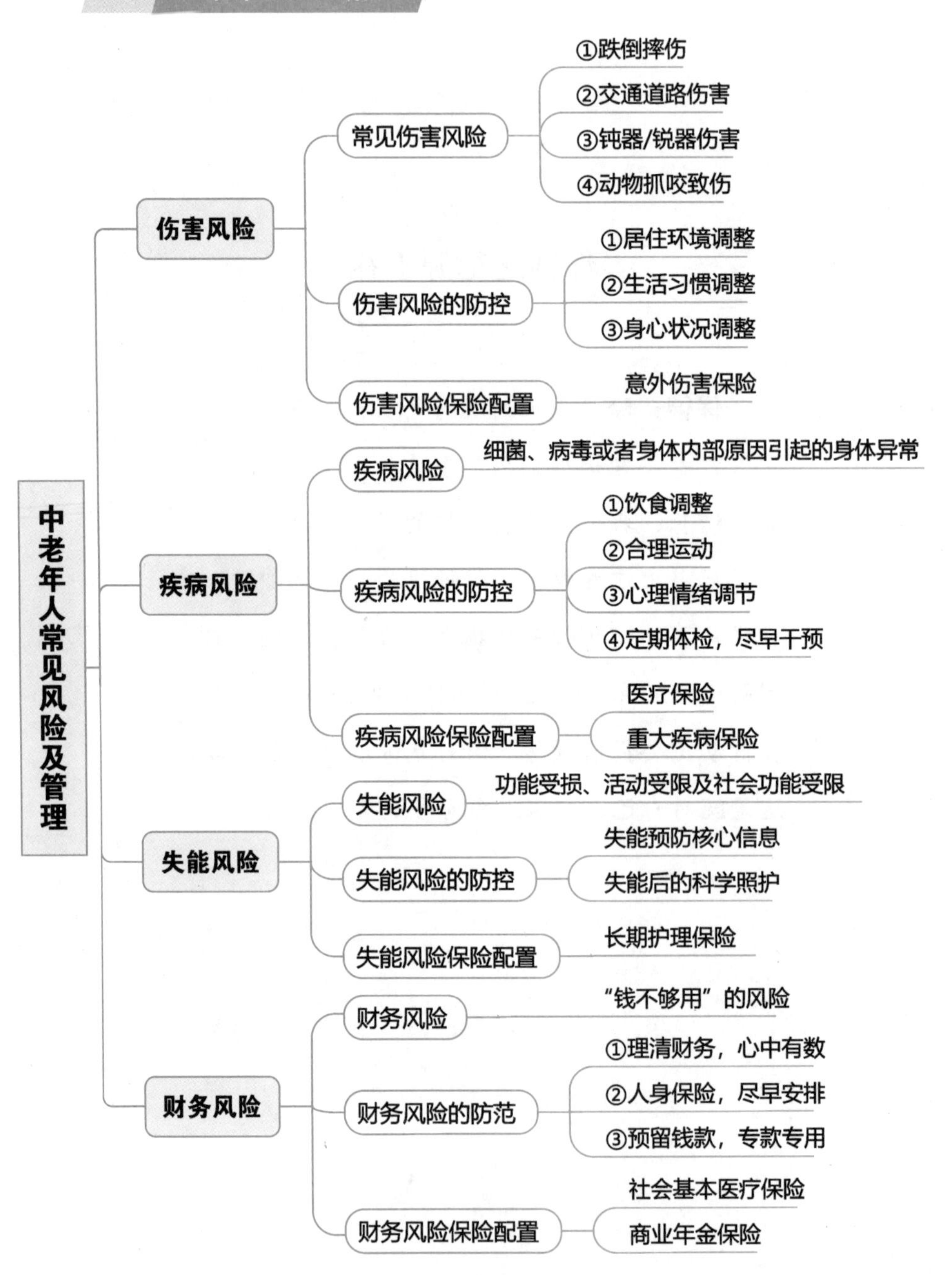
中老年人常见风险及管理
伤害风险
常见伤害风险
①跌倒摔伤
②交通道路伤害
③钝器/锐器伤害
④动物抓咬致伤
伤害风险的防控
①居住环境调整
②生活习惯调整
③身心状况调整
伤害风险保险配置
意外伤害保险
疾病风险
疾病风险
细菌、病毒或者身体内部原因引起的身体异常
疾病风险的防控
①饮食调整
②合理运动
③心理情绪调节
④定期体检，尽早干预
疾病风险保险配置
医疗保险
重大疾病保险
失能风险
失能风险
功能受损、活动受限及社会功能受限
失能风险的防控
失能预防核心信息
失能后的科学照护
失能风险保险配置
长期护理保险
财务风险
财务风险
“钱不够用”的风险
财务风险的防范
①理清财务，心中有数
②人身保险，尽早安排
③预留钱款，专款专用
财务风险保险配置
社会基本医疗保险
商业年金保险

建立对商业保险的正确认识

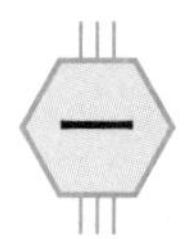

故事一：有商业保险的老杜和没商业保险的老季

老杜和老季是同一个小区的邻居，两人年龄相仿，退休后时常在一起锻炼身体。上周末两人一起去爬山，没想到突降大雨，山路很滑，两人不小心一起从山坡上摔下来，双双住进了医院。

经过检查，两人都有不同程度骨折，又住进了同一间病房。医生给两位老人以及他们的子女沟通治疗方案时，询问老杜和老季有没有购买商业保险。医生说，因为涉及不同的治疗方案，如果有商业保险，就不用担心费用，医疗器材和用药品类都可以选最好的；而如果没有保险，则需要考虑费用的问题。

老杜的女儿对医生说："我给我爸每年都买了意外医疗险，您只管效果，器材和药品的费用问题就不用考虑了，有保险公司报销呢！"老季的儿子也是个孝子，一咬牙说："医生，虽然我们没有商业保险，不过您也尽量给我爸用最好的药，我自费！”

医生走了后，老季看着儿子说：“哎，不知道这次要花掉多少钱。去年你要给我买商业保险，我说不用，想着替你省钱呢！没想到买了商业保险才是真正省钱啊！”

老杜的女儿听见了，说：“没错季叔叔，您是该转变一下观念了，商业保险是风险管理的工具，就像雨伞，晴天的时候觉得没用，一旦下雨，就能派上用场。咱们得学会合理使用这些工具，保护自己的家人啊！”

老季和小季若有所思地点点头，心里开始考虑今年啥时候去给家人们咨询一下商业保险。

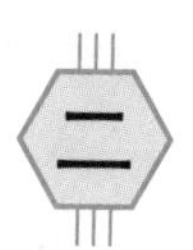

故事二：老薛的商业保险为什么赔不了

说起商业保险，老薛一家可是很早就买了。十年前，老薛的远房表妹进入一家保险公司，找到老薛销售保险。老薛和爱人一商量，觉得应该支持一下亲戚的工作，就按表妹推荐

的产品购买了。于是，全家陆陆续续在表妹那儿买了四五份保险，具体保的什么老薛也没有仔细过问，想着反正都是亲戚，有什么问题以后找她就是了。从那以后，每次再有人找到老薛说保险的事儿，老薛都说，家里已经买了好多，不需要了。

后来，表妹因为业绩不佳离开了保险公司。表妹离职后，保险公司工作人员打来电话，说系统查到老薛一家的保障存在缺口，希望给老薛做一个保单梳理。老薛拒绝了，觉得一是已经有那么多份保险了，不需要再加保；二是本来当初买保险就只是为了支持亲戚工作，现在亲戚不干了，自然也没有必要再买了。

上个月，老薛不幸诊断出直肠癌，一家人悲伤过后，突然想起家里买过几份保险，于是赶紧联系保险公司申请理赔。保险公司工作人员很快就来到医院，老薛爱人拿出保单，询问怎么办理理赔。

保险工作人员看完几份保单后，脸色凝重，很遗憾地对他们说："薛先生，您买的保险这次都报不了。"

老薛爱人一下子急了："你说什么，我们买了那么多份保险，现在居然一份都赔不了！这不是坑人吗？"

工作人员解释道："我很理解您的心情，但每一种保险对应的是不同的保障内容。这次薛先生生病可以申请理赔的险种有重疾险、防癌险或者医疗险，但是你们家的这几份保单都没有涵盖——您看，这一份是意外险，保的是因意外导

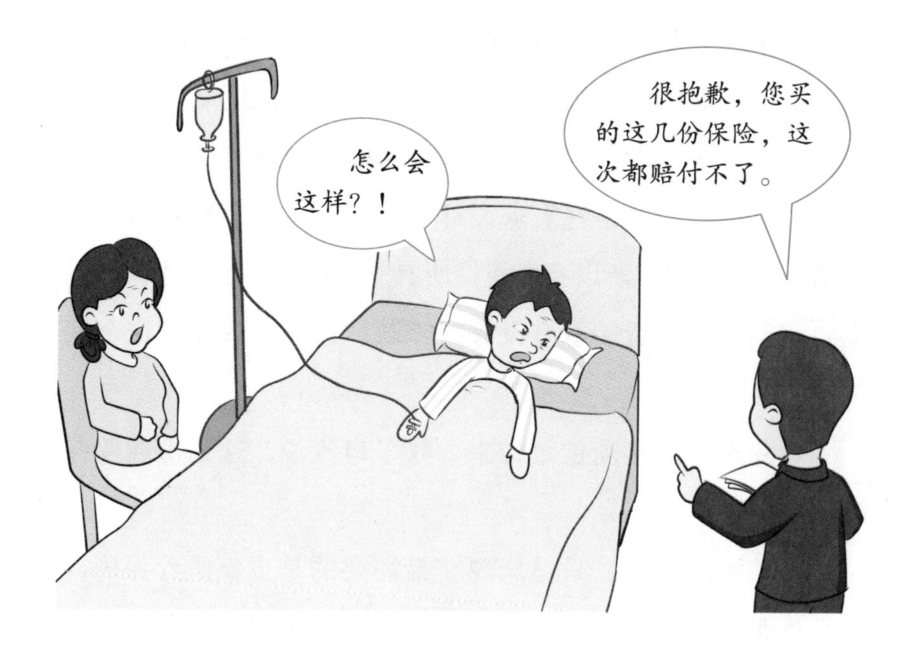

致的身故或者全残；这一份是意外医疗险，只能报销因意外产生的医疗费用，如果是疾病引起的，就不能报销；剩下这两份是养老保险，是为二位退休后的生活做的财务准备。所以非常遗憾，这几份保险并没有涵盖重大疾病和疾病医疗保障。”

老薛和爱人听明白了，他们不是不讲道理的人，只是心里非常生气，因为表妹当时承诺以后出了任何问题都可以找她，而且出于信任在她那里买了四份保险，结果居然没有涵盖最基础的健康类保险。

工作人员说：“你们遭遇的这种问题其实很常见，首先还是大家对商业保险的认知程度不够，买了商业保险不等于拥有了所有保障，要买对了商业保险才能解决问题。很多保险从业人员不够专业，靠人情销售保险，却没有从客户角度出发，根据客户的家庭需求设计保障方案，就会导致出现问题用不上的情况。所以我们建议所有家庭即使买了商业保险，也要定期检视，看一看有没有保障缺口，需不需要把这个缺口补上。”

老薛也只能接受这个结果，叹了口气说，这几份商业保险都白买了。

“其实也不是，只是您现在最需要的是重疾医疗保障，这几份都满足不了。但是意外险也是每个家庭都必备的，还有现在医疗技术这么发达，我相信您一定能治好，这份养老保险对您以后的养老生活也有用的，它能够定期向您提供养老金，让您的养老生活更有品质。”

老薛点点头，对工作人员说：“我明白了，如果时间可以退回十年前，我一定好好去了解保险，然后首先给自己买一份重疾险。”

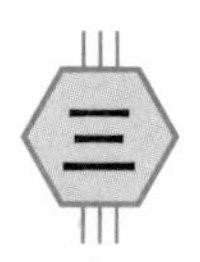

商业保险的功能和意义

（一）商业保险都是骗人的吗

一提到商业保险，我们就会听到有人说“商业保险都是骗人的”，这其实是一个很大的误区。商业保险是一种正规的风险管理工具，作为“工具”，本身并不存在“骗不骗人”一说，只有“会不会用”与“合不合适”的区别。

就像前文老薛的故事一样，导致老薛的商业保险不能赔付的原因，并不在于商业保险本身，而是由于不专业、不负责的保险销售员，没有履行好专业职责，没有充分告知产品条款，也没有从客户的实际情况出发为客户配置最需要的险种，才会导致保险没能发挥最大效用——这就好比刀具销售员，把斧头卖给雕刻师雕花，把水果刀卖给屠夫宰牛，这时用起来不顺手，显然不能怪刀具“骗人”，只是因为被销售员误导、而买错了工具。

（二）商业保险的“以小博大”

商业保险的作用，概括来说就是“以小付出避大风险”“花小钱省大钱”，就像上面老杜的故事一样。老季没有购买意外保险，看似省了保费的钱，却为此不得不承担因风险发生而产生的高昂医疗费用。人生在世，难免遇到疾病、意外等诸多风险，我们不一定能准确预知这些风险会不会发生、什么时候发生；但一旦真的发生，无疑将会面临巨大的损失，甚至可能是我们的家庭难以承受的。

倘若生场大病，可能需要几万、几十万甚至上百万的治疗费用。钱从哪儿来？社保能报销的部分有限，难道其他的费用全部靠家庭积蓄吗？如果全部用来治病，孩子的教育怎么办，房贷怎么还，老伴未来的养老谁来管？种种因病致贫的故事太多了，辛辛苦苦一辈子，结果生场大病“一夜回到解放前”，甚至有人说，“30年的积蓄，30天就花完了”。哪怕你不忍心花掉这些积蓄，但是爱你的家人们也不会忍心放弃你、不给你治疗；看着家人们砸锅卖铁也要为自己治病，那种心情岂是五味杂陈能够表达？

商业保险作为一种分担风险的工具，通常自带杠杆，也就是说，保险能够理赔的保险金往往几倍高于所缴纳的保费。你用可以承受的保费转移风险发生时难以承受的经济压力，这就是商业保险的最大意义。买保险绝对不是和银行理财、基金投资比较收益高不高、划不划算，它的主要功能和定位就是“分散风险”，就是多一重“保障”。

还有的人觉得商业保险是“骗人”的，是因为看到保险合同承诺的赔付通常几倍高于所缴纳的保费，而保险公司又不可能赔钱赚吆喝，那些超额赔付的钱从哪里来？有这个疑问很正常，这是因为普通大众不了解商业保险行业运作的基本原理——大数定律。

通俗地讲，保险公司是集众多投保人的钱，为少数出了险的受益人做支付。比如，重大疾病保险，虽然给某一个得重大疾病的人赔付的钱远高于其个人支付的保费，但毕竟会得重大疾病的人在众多被保险人中只是少数。只要赔付的保险金和收的保费间保持某种平衡，保险公司就不会亏，保险公司的业务也就可以持续地做下去。这就像彩票，虽然大奖的金额高，但得大奖的人只有几个，而买彩票的人却有成千上万；买彩票的人付的钱，加总起来一定高于中彩票的人的奖金，这是同一个道理。

财教授实操课堂：选择靠谱的保险顾问

（一）商业保险的专业性

商业保险是一类相对复杂的金融产品，大家买的是一份“抽象的”合同。它不像我们买一件衣服可以立刻穿上，或者买辆车可以立刻驾驶，马上就切实地感受到舒适程度。而商业保险派上用场的时间，是在未来某个未知的时刻，现在却无法立刻直接感受到其“好坏”。

有人讲，我买了一辈子商业保险，就没用过，岂不白买了？事实上，如果真是这样，应该说：恭喜你！因为这意味着你一辈子岁月静好、平平安安，而且你付的保费帮助了许多其他人！

当然，这当中要排除那些最糟糕的情况，就像上面故事里的老薛，看似买了很多商业保险，却在关键时刻根本派不上用场。老薛的遗憾，主要是保险销售人员表妹的不专业造成的。总体来讲，他的表妹至少在以下几个方面做得不够专业:

第一，老薛看在人情的面子上购买商业保险，但是作为保险代理人的表妹，却没有从老薛的实际需求出发，为他设计合理的保障方案。

第二，购买完成后，表妹没有向老薛讲解保险合同的保障内容，导致老薛并不清楚自己到底买了些什么产品。

第三，表妹没有定期对老薛一家的保单做保单检视，发现并弥补风险缺口，这也导致老薛购买了多份有关意外保障的保险，却在重大疾病和疾病医疗这两个极其重要的方面有疏漏。

保险销售和其他行业的销售不同，它不是一锤子买卖，一份保单签发出去，不是业务的结束，而只是保险公司真正服务的开始。保险合同非常复杂，专业性很强，很多人购买商业保险后都没有仔细阅读过保险合同，全靠听取保险销售人员的介绍。保险销售人员是保险公司与客户之间的桥梁，如果他们没有真实、准确地传递保险合同的内容，甚至存在销售误导、夸大保障内容或者欺诈行为，就为以后客户与保险公司之间的误解和纠纷埋下了伏笔。所以，保险销售人员是否诚信和专业非常重要。

在购买商业保险前，一定要选择诚实、守信、专业的保险顾问，不要仅仅为了人情和面子而买单。我们既然要把专业的事交给专业的人，那么如何选出专业、可信的人就成为我们的重中之重。

（二）如何选择保险顾问

要选择专业、可信的保险顾问，可以从以下几个方面来考虑。

1. 看从业时间

保险行业是个流失率、淘汰率很高的行业。所以，一般来说，保险顾问从业时间越长，说明他的稳定性越好。如果咱们投保后，因为保险顾问离职而频繁更换保险代理人，也会影响到咱们后续服务的质量。

当然，时间不是唯一的决定因素。近年来，有越来越多的优秀人才跨界加入保险行业，比如医生、律师、银行从业人员等，因为保险行业的专业性越来越强，这类人才的加入能够给客户带来更专业的服务。他们的从业时间或许并不长，我们可以通过交谈，去判断他们的从业态度是否足够坚定，能不能将其他相关专业的技能灵活运用到保险业务中提高服务质量，从而选择是否让他们成为我们的保险顾问。

此外，保险代理人有专职和兼职之分，有的代理人除了保险以外，还有其他工作或生意。通常来说，专职的保险代理人会更加专注，服务的时间更有保证，专业水平也更有保障。

2. 看专业素养

检验保险代理人专业能力，最好的方式是提问，比如我们可以提以下几个问题，看看他的回答方式如何。

问题 1　你昨天发给我的那个重疾险还不错，你能给我讲解一下吗？

不专业的代理人：没啥好讲的，就是得了重疾就赔。

专业代理人：请让我从保障内容、保险期限、理赔条件、免责条款等多个方面逐一为您介绍。

解析：能熟悉地讲解产品是对保险代理人最基本的要求，如果连自己销售的产品都讲不清楚，何来专业？

问题 2　我有点高血压，还能买到重疾险吗？能不能不告诉保险公司呢？

不专业的代理人：这事儿确实有点麻烦，你告诉公司的话是有可能买不到的。咱俩关系这么好，我来帮你办，你不告知就行了。

专业代理人：高血压购买重疾险，需要您提供您的病历报告、血压、心电图检查等，核保结论一般是加费承保、延期或拒保。既往病史是一定要告知的，因为保险合同成立的前提是如实告知，如果隐瞒病史投保，将来保单作废，受损的是您的利益。

解析：专业的代理人恪守行为准则，诚实守信，如果隐瞒病史带病投保，将来发生理赔纠纷，保险合同会被作废。千万不要相信那些不专业的代理人以自己干了很多年保险、不告知没事儿等说辞引导你隐瞒病史，这里面的风险隐患是由你自己来承担的。

以上两个问题只是举例说明，在实操中，各位读者与不同代理人交流中能直观感受到他们的专业素养；如果自己确实不知道如何选择时，可以让自己有经验的子女、可信的朋友等帮助选择。

3. 看对方思考问题的角度

专业的保险代理人会从“利他”的角度思考问题，以客户为中心，站在客户的角度去设计方案。

比如客户问道：“我应该买什么样的商业保险，你推荐一个吧！”

不专业的代理人会说：“我们公司正好推出某某产品，挺适合您的，我给您介绍一下吧。”

专业的代理人会说：“在向您推荐前，我需要了解您和您家庭的基本情况，以及您的实际需求。”

专业的保险顾问会与客户进行深入沟通，了解客户的家庭结构、收支水平等客观因素，再结合客户的需求，设计合理的保障方案——也就是以客户需求为导向，而不是以产品销售为导向。不专业的代理人可能会从自己的利益出发、以产品为导向去推销保险，却可能根本没有解决客户最重要的问题。

所以我们可以留意，保险顾问是否会先与自己进行深入沟通，了解自己的家庭结构、收支水平等客观因素，再结合自己的需求去设计合理的保障方案。通常有这样思维角度的，才称得上是专业的保险顾问。

建立商业保险认知口诀

配好保险用处显，理性认识避偏见，
保额总比保费多，以小博大有杠杆；
花小钱来省大钱，尽早规划早心安，
保险复杂种类繁，专业顾问帮你选。
保险顾问很重要，仔细考察多聊天，
正直诚信替你想，结合实际考虑全。

◆ 五德财商之本章财德

投钱之德源于智

投德： 商业保险不是“骗人”的，它跟农夫的锄头、裁缝的剪子一样，都只是一种工具。与其他所有工具一样，只要我们懂得如何合理使用，商业保险就能为我们提供支持和帮助。我们需要运用理性和智慧，学习不同商业保险的基本功能和用法，把合理数额的钱投在合适的商业保险上，让商业保险发挥作用，成为咱们家庭坚实的保护后盾。

本章知识要点

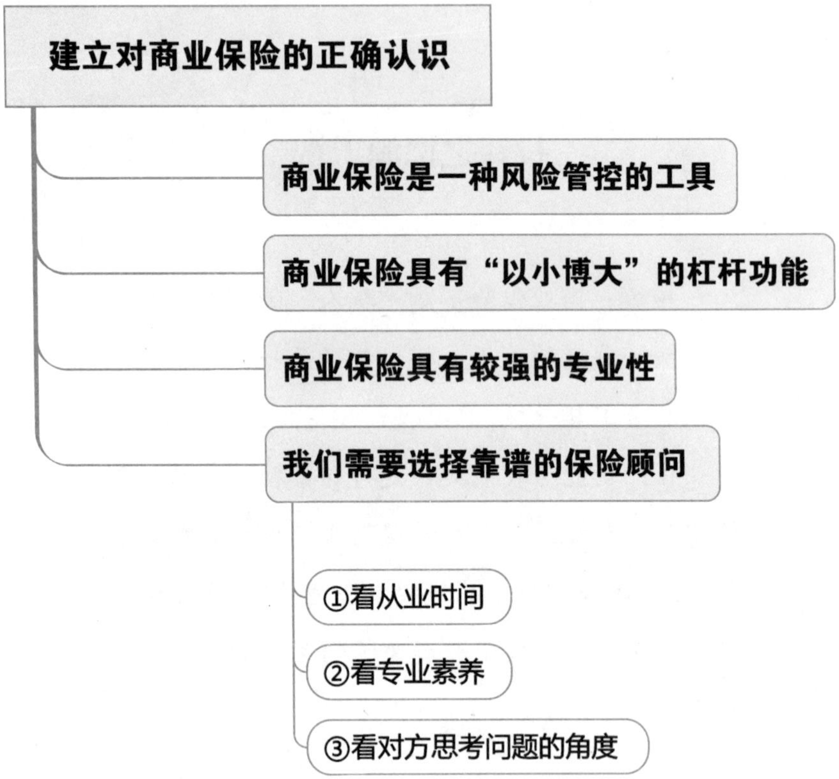

建立对商业保险的正确认识

- **商业保险是一种风险管控的工具**
- **商业保险具有“以小博大”的杠杆功能**
- **商业保险具有较强的专业性**
- **我们需要选择靠谱的保险顾问**
  - ①看从业时间
  - ②看专业素养
  - ③看对方思考问题的角度

合理的投保规划

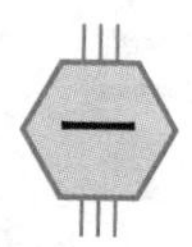

故事：可以只给孩子买商业保险吗

老秦和老伴儿最近喜上眉梢，他们秦家添了一口丁，是个可爱的小孙女。老秦和老伴儿对这个小孙女疼爱有加，小宝贝只要一醒来，两人都要争着抱，全家人都恨不得把全世界最好的全都给她。前些天听邻居说起给小孩买保险的事，老秦和儿子儿媳一商量，觉得别家小孩有的咱们家宝贝也得有！于是，老秦的儿子小秦约了做保险的朋友小林到家里来聊一聊。

小林从事保险行业已经有四五年了，据说在客户中的口碑很好、业绩也挺不错，所以小秦很信任她。小秦想请她推荐一款适合孩子的重疾险——至于大人嘛，想暂时就不考虑了。

没想到小林并没有一口答应，而是询问小秦全家目前现有的保障。小秦告诉她，全家都没有买过商业保险，只有基本的社保。

小林对小秦夫妇说："那我建议你们应该首先考虑给自己购买健康保险，尤其是重大疾病保险，然后再考虑孩子。当然，如果经济允许的情况下，全家都配置保险是最周全的。"

小秦夫妇有些疑惑："只给孩子买商业保险，这有什么不对吗？"

"购买商业保险有一个原则：首先考虑家庭成员中的主要经济支柱。打个比喻，我们的家庭就这像这个房子，房子里住着我们的父母和孩子，而丈夫和妻子就是这个房子两边的柱子，"小林一边说一边画图演示，"你们设想一下，如果其中一根柱子断掉了，这个房子会怎样？"

“会垮掉。”小秦爱人不由自主地回答。

“没错，断了一根柱子，就会让我们这个家庭崩塌。商业保险首先要解决的，是加固这两根柱子；即便发生风险，房子也不会坍塌，就可以保护我们的家人不受影响。”小林接着说：“我们乘坐飞机时空姐都会介绍紧急救援知识，其中会提到如果飞行途中发生紧急情况、需要佩戴氧气面罩时，大人应该首先给自己佩戴好面罩，然后再给孩子佩戴——也就是说我们做父母的，只有自己处于安全的情况下，才能更好地保障孩子的安全，这和保险是一个道理。”

“哦，我明白了，这样说来，咱们俩的商业保险是应该最先购买的。”小秦点点头，对爱人说。

“是的”，小林回答道，“在保证了家中‘顶梁柱’的保险配置之后，在经济允许的前提下，再给其他人建立保障，这才是科学的投保方式。”

以上就是投保的一个重要的顺序原则，即购买商业保险应最先考虑家庭中的“经济支柱”，而并非家中最“弱小”的成员。因为一旦经济支柱倒下了，家庭就会失去主要经济来源，整个家庭的运转将会陷入困境；相对来说，如果“倒下”的不是经济支柱，这个家庭至少还有经济来源可以继续支撑。所以，从风险补偿的角度来讲，越是家里“挑大梁”的人，就越需要足够的保护。

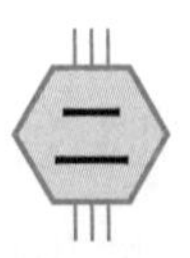

如何读懂商业保险合同条款

之前提到过，商业保险是一类非常复杂的金融产品，要用好这类工具、进行合理的投保规划，除了请教专业人士之外，我们自己也需要对它有基础的了解。

要了解商业保险，最关键的是要能读懂保险合同。可保险合同那么厚、条款那么多，我们普通老百姓要怎样才能读得懂呢？其实，我们只要抓住下面这几个关键点，对这个商业保险"保的什么""怎么保的"就能比较清楚了。

（一）投保人、被保险人、受益人

在保险规划中，涉及谁来买、为谁买、谁领取的问题，就是关于投保人、被保险人和受益人的设置问题——这是非常重要的一个环节，因为只有设置正确了，才能达到我们想

要的保障目的。

在前文的故事中，如果老秦掏钱为儿子小秦购买一份保额 100 万的人寿保险，并指定保险理赔金由孙女来领取，那么老秦就是“投保人”，小秦就是“被保险人”，孙女就是“受益人”。小秦如果不幸身故，保险公司就会把 100 万保险金支付给小秦的女儿。如果这个保险中没有指定受益人，那么如果小秦不幸身故，保险公司就会将保险金支付给小秦的法定继承人。根据我们国家的法律，配偶、子女、父母都是第一顺位继承人，那么小秦的妻子、女儿、父母每人各分得 25 万（关于“法定继承”的更多知识可以参见本套丛书第四册）。

所以在购买商业保险时，我们要特别注意“受益人”的指定。通常来说，你最爱谁、最想保护谁，就把他设为指定受益人；当你某天不幸离开，你的爱也不会离开，保险公司会向他支付一大笔保险金，替你继续照顾他。在指定受益人的情况下，赔付的保险金也不必走复杂的法定继承流程，会省下诸多麻烦。

（二）保什么、保多久

“保什么”指商业保险对应的是什么保障内容，即商业

保险的“给付保险金条件”——被保险人发生了什么，商业保险才会予以理赔。这一项非常重要，它能让我们明确这个商业保险到底具有哪方面的保障功能，避免“买错保险”的情况发生。以下是几类常见险种的给付保险金条件。

表3–1　常见险种的保障内容

险种	给付保险金条件（保什么）
定期/终身寿险	死亡
意外伤害保险	因意外伤害而致身故或残疾
医疗保险	因就医产生了约定的医疗费用
疾病保险	保险合同约定的疾病的发生

例如疾病保险，就是“保疾病”的保险，只有当被保险人确诊合同约定的疾病，保险公司才给付保险金；意外伤害保险，就是“保意外事故”的保险，只有被保险人因为意外伤害导致了身故或者残疾，保险公司才给付保险金。进行保险规划时，我们首先要问问自己到底需要“保什么”。

“保多久”指的是保险的“保障期限”，如果保险事故的发生不在保障期限内，就无法得到理赔。比如，终身型重疾保险保障期限是终身，定期重疾保险保障期限是约定的期限，比如二十年、三十年；还有保障期一年的短期产品，很多医疗险就是“买一年保一年”的短期产品。需要注意的是，短期产品可能会面临产品停售或者续保时因重新核保健康状况发生变化而导致不能续保的风险。保障期限也是我们购买保险时需要注意的一个细节，从这个意义上讲，对一些重要的险种，宜尽量选择保障期更长的、不需要反复重新签约的种类，以避免后期续约困难的风险。

（三）交多少保费、交多久

一份保险要“交多少保费”是我们最常关心的问题，而保费与你所选择的保额多少以及被保险人的年龄、性别和身体状况都有关系。

通常来说，在保额相同的情况下，购买保障型保险（如寿险、疾病险、意外险、医疗险），年龄越大，保费越高。这是因为保险产品的定价是根据生命周期表来计算的，年龄越大，很多疾病的发生概率越大，保险公司承担的风险越大，所以价格越贵。

所以我们提倡应尽早规划保险，一来能尽早开始保障，二来也能省钱。刚出生的婴儿和50岁的大叔购买同样保额的终身重疾险，价格可能相差几倍；而假如他们都能活到80岁，婴儿拥有的保障期限是80年，而50岁的大叔拥有的保障期限却只有30年——大叔交了更多保费，被保障的期限却更短。并且，大叔在投保时还很可能因为身体状况不佳，导致核保条件是"有条件承保"，比如需要增加保费或者除外责任等。

保费的缴费频率，通常是"一年一缴"，也有些保险公司的产品可以选择半年缴、季缴或者月缴。保险合同中的"期缴保费"，指的是每次缴多少保费。缴费期限也可以选择趸交（一次性缴清）、5年缴、10年缴、15年缴甚至30年缴等。

具体选择以多长期限来缴清保费，也需要根据个人的实际情况。如果当下现金充足，或者为了达到强制储蓄、财富传承等目的，我们可以选择趸交（一次性缴清）；如果为了追求保险杠杆和性价比，可以选择期交（分多年缴清）。一般来说，带有杠杆的保障型产品，缴费期限越长、杠杆越大。

例如，一款总保费只需要缴纳10万而最高可以理赔30万的保险产品，它的总杠杆是3倍。如果你把这10万保费分成20年缴纳，每年缴5000元保费，那么在第一年，相当于你只用了5000元，就得到了价值30万元的保障，杠杆高达60倍！这样算来，在最初的几年，保险的杠杆都是很高的，拥有较高的性价比。此外，考虑到通货膨胀等因素，同等条件下延迟支付保费也相对更为有利。

保险可选择的缴费期限通常也是和年龄相关，年龄越小，可以选择缴纳的期限越长。这是因为小孩子和年轻人比较健康，患病概率相对较小，所以通常可以选择最长30年缴的；而中老年人身体机能逐渐衰退，患病概率变大，保险公司提供的可选择的缴费期限也会变短。

（四）等待期、犹豫期

一般来说，重疾险、医疗险合同中都有“等待期”。合同生效后，如果被保险人在等待期内发生疾病，保险公司不会赔付，一般是退回已缴保费；过了等待期，发生符合合同定义的疾病，保险公司才会按保额进行赔付——这是为了防止有的客户不诚信、带病投保的行为。重疾险的等待期一般是90天或者180天，医疗险的等待期一般是30天。当然，等待期越短，对客户越有利。

“犹豫期”是投保人可以反悔并撤销合同的时间。一般犹豫期是客户签署合同回执后的 15 天，在犹豫期内如果不想购买这份保险了，可以申请退保，保险公司会全额退回已缴保费，投保人不会有任何损失。但是如果过了犹豫期再退保，只能退回“现金价值”（即退保金），投保人就会承担较大的损失。

关于这一点，很多人不理解，觉得自己交了 1 万块钱保费，第二年不想再缴了，自己又没有生病，为什么就只能退几百块钱回来呢？其实，保险公司从合同生效日起，就开始承担风险，保险公司要计提一部分风险准备金，而且在第一年保险公司支付的经营管理费用也最高。所以第一年保单的现金价值——也就是“退保金”是最低的，此时如果退保，就会产生很大的损失。

（五）“如实告知”义务

购买保险时，作为投保的一方，咱们有一项非常重要的义务——即健康状况的如实告知义务。也就是在填写回答保险公司的书面询问时，要根据问题如实告知被保险人的健康

状况，而不能瞒报、漏报身体问题和既往病史。

保险合同是一份基于诚信基础之上的合同，如果咱们在投保时没有履行“如实告知”义务，无论是出于故意还是疏忽，后续就可能出现无法得到理赔、被解除保险合同的后果；其中金额较大或情节严重的，甚至可能被定性为保险诈骗罪而判刑。

在过去，部分保险销售人员为了促成交易，存在故意忽略如实告知要求甚至怂恿投保人瞒报被保险人身体问题的行为，这样做无疑会给今后的理赔留下巨大隐患。要知道，一个人的身体状况、就医情况，相关的医院、诊所都是留有记录的，一旦保险公司发现被保险人有重大健康问题没有如实告知，就会解除与投保人的保险合同，甚至有权拒绝退回保费，而投保人需要自己承担相应损失。

所以，我们在购买保险时，一定要如实告知自己的健康状况；假如你已经投保，发现自己在投保时因为疏忽没能如实告知当时的健康问题，我们也可以及时联系保险公司，补充告知相应情况，以避免今后无法理赔的情况发生。

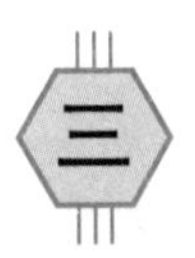

财教授实操课堂：家庭保障需求分析与经典方案

（一）家庭保障需求分析

您现在对保险规划有了初步的认识，但是具体该怎么配置保险，也许还是有些无从下手。我们可以求助专业的保险顾问，来协助自己和家人制定合适的保障方案。而在寻求专业人士之前，我们可以大致梳理一下自己家庭的保障需求。

归纳起来，所有保险产品主要能够提供以下几个方面的保障：健康保障、身价保障、教育金、养老金、财富传承和风险隔离等特殊功能保障。我们可以按照重要性排序来进行梳理。

1. 健康保障和身价保障

健康保障和身价保障可以说是最为基础和实用的。健康保障通常由重大疾病保险和医疗保险来提供；而身价保障通常由人寿保险来提供。目前，市场上的重大疾病保险一般都附带有人寿保险的功能，我们可以择优配置。

健康保障和身价保障，需要优先考虑家庭中的经济支柱，其次才是其他的家人和孩子。例如一个中产阶级家庭，男主人是家里的主要经济支柱，他正值中年，虽然收入不菲，但是要承担房贷、车贷和子女教育支出，同时还要为夫妻二人储备未来的退休积蓄。只要男主人健康地活着，就能为家里挣钱，提供源源不断的收入来源；如果他患重病或者离世，家庭财务体系就会崩塌，所有高昂的支出会全部落在妻子身上。所以，在他的家庭中，首先需要保障的就是男主人的健康和身价。为男主人建立了健康保障和身价保障之后，若他生大病或遭遇不测，保险公司会支付一大笔保险金，弥补他因患重病或者离世给家庭带来的经济损失，让家庭不至于因此陷入困境。

至于风险缺口，也就是保额应该有多少，专业的保险顾问会进行计算，计算过程需要考虑家庭现有的房产价值、存款余额、基本生活开支、负债情况和子女教育费用等诸多因素。以人身保障缺口为例，可以用以下这个表来计算：

表 3–2 保险人身保障缺口试算表

	应备费用		已备费用 （按当前折现价值填写）	
生活费用	每月开支		投资性房产	
	需要使用年限		银行存款	
	小计 A		证券	
居住费用	按揭余额 B		基金	
教育费用	大孩教育费用		股权及其他投资	
	二孩教育费用		社保个人账户	
	小计 C		团体寿险	
父母赡养费	本人父母		个人已购寿险	
	配偶父母		–	
	小计 D		–	
其他债务及责任	小计 E		–	
合计总额	合计 F （A+B+C+D+E）		合计 G （以上各列加总）	
保障缺口 = 应备费用 – 已备费用 =F – G=________________				

以上计算我们可以在专业人士的协助下进行，通过计算，选定保额的依据也会更加清晰明了。

2. 教育金和养老金

教育金和养老金都是基于对未来支出的提前安排，一般是通过年金保险来进行规划。年金保险具有强制储蓄、抗通胀和定期发放等特点，比较适合针对未来现金开支的安排。

在规划教育金时，主要需要考虑家中未成年人在未来可能的学费支出。我们可以列出孩子从现在到工作独立之前，每年大致所需的学费金额，以提前进行规划准备；并在家庭可以承受的范围内，尽可能多储备些教育金，实际用时多出来的部分，也可以作为孩子在外求学的生活费用。

而在规划养老金时，考虑的维度相对较多，其中最需要考虑的是生活费和医疗护理费支出。日常生活开支相对来说比较稳定，而其他项的费用会随着年龄段的不同而有所变化。通常在养老阶段前期，旅游、娱乐和学习等支出相对较多；而在养老阶段后期，医疗、护理费用支出相对较多。同时，还要结合家中长辈的平均寿命，来考虑养老金准备的预期年限。

3. 财富传承和特殊功能

商业保险作为一种具备金融和法律属性的工具，可以实现针对个体的诸多财富管理需求。

对于财富传承需求，年金保险能满足生前传承的需求，人寿保险则主要满足身后传承需求，还可以将保险和遗嘱、家族信托等传承工具进行组合使用，以达到更多个性化的传承目的，详细的具体内容可参见本套书第四册《财德仁心永留传——财富传承智慧》。

另外，通过合理地设计和架构，商业保险还能达成一些特殊功能需求，如婚姻财产保护、税务筹划和债务隔离等。这些都需要具备较强专业技能的人士来帮我们达成。

（二）经典的健康保障方案

谈了那么多，那是否存在一种能适用于大多数家庭的保险方案呢?

健康，是咱们大多数人最关心的主要问题，首先应当建立的也是健康保障。这和我们国家国情有关，我国社保体系虽然覆盖面广，但是保障深度不够，需要家庭和个人购买商业保险来弥补社保在深度上的不足。

在这里有一种经典的健康险保障方案，可供大多数家庭参考，以满足我们最基本的保障需求，即重大疾病保险搭配百万医疗保险。

重大疾病保险简称“重疾险”，我们在本书第一章第三节中也已经做了介绍。重疾险的保障方式，简单来说，就是如果被保险人发生合同中约定的疾病，保险公司就一次性给付保险金。重疾险设计的初衷主要有以下几点：

第一，能够让病人在确诊重大疾病时就获得一笔保险金，而不是身故后才获得赔偿。

第二，可以提高人们在罹患重大疾病后可选择更好的医疗水准和生活质量，进而间接延长患病者的寿命。

第三，可以保障人们在身体情况变糟的时候，财务情况还是健康的。

而百万医疗险是最近几年火爆市场的险种，它属于医疗保险的一种。对于医疗保险，我们也已经在本书第一章第三节中做了详细介绍。它是医保的补充，当被保险人因住院支出了医疗费用，保险公司扣除经医保报销的费用和合同约定的免赔额后，按合同约定的范围和比例对剩余部分进行报销。这类保险通常报销额度是 100 万，免赔额是 1 万，基本可以解决绝大部分疾病当期的治疗费用。

重疾险和百万医疗险并不冲突，前者解决的是收入损失，后者解决的是治疗期的医疗费用，二者搭配起来，就成为一个基础的经典健康险方案。

此外，还有一些健康险产品可以根据需求购买，比如针对癌症靶向药的特定药品险、小额医疗险、住院津贴险等。

这里我们需要注意的是，大多数重疾险和医疗险的购买年龄上限是 60 周岁。如前文所说，年纪越大，购买保险的费用越高，且随着健康状况变差，能够顺利投保的难度也在加大，所以可供老年人选择的健康险其实并不多。超过 50 岁再购买重疾险已经有些“不划算”了，甚至会出现“保费倒挂”现象——也就是缴纳的保费大于可获得赔付的保险金。在这种情况下，我们无法借助保险工具，就只有自己专门预留一笔“应急资金”，来为我们可能产生的医疗费用做好准备。

目前，有些保险公司推出了专门针对老年人的防癌险和老年医疗险，投保年龄可以放宽到 70 岁甚至 80 岁。这些保险产品会比传统的重疾险和医疗险少一些保障内容，相较来说保费也会适度降低。60 岁以上的老年人如果可以买到这类保险，也是一种不错的选择。

合理规划保险口诀

投保也有优先级，经济支柱先考虑，
缴保费是投保人，爱谁就写谁受益；
保障什么看仔细，如实告知要牢记，
年龄大了保费高，儿童投保更便宜；
百万医疗配重疾，健康保险保根基，
家庭保障要整理，保险顾问帮分析。

◆ 五德财商之本章财德

用钱之德源于仁

用德：为自己和家人配置商业保险，其实也是一个传递仁爱的过程。在这个过程中，我们需要充分考虑自己和家人的实际需求，做长远的分析与规划；将我们对家人的保护与照顾通过合理的保险安排去落地，以真正实现对家人的爱护。

本章知识要点

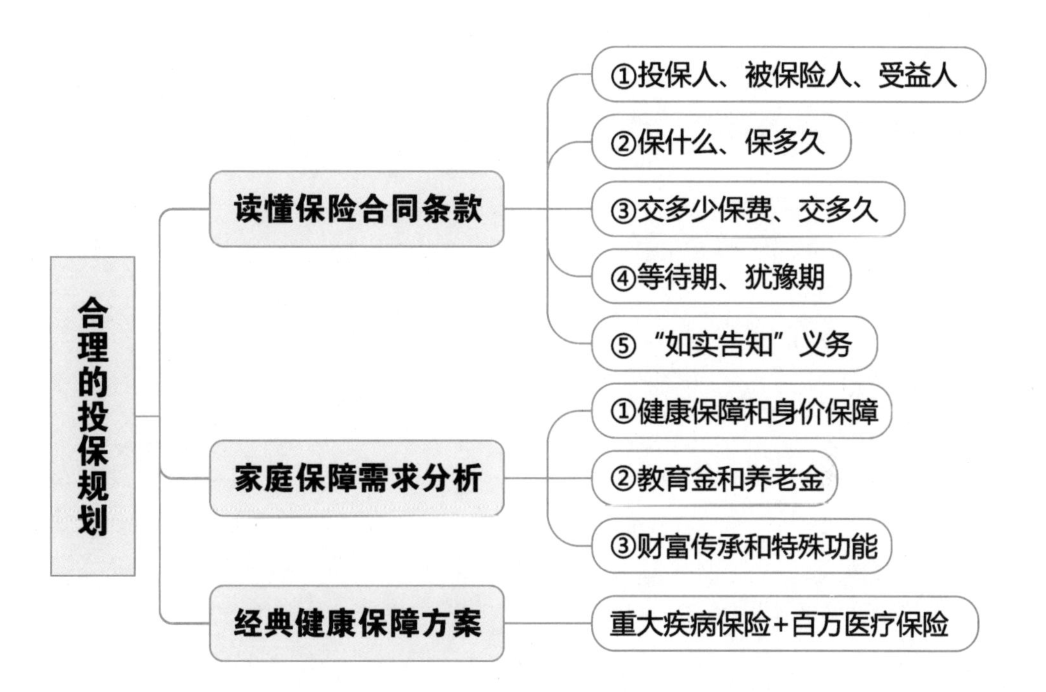
合理的投保规划
读懂保险合同条款
①投保人、被保险人、受益人
②保什么、保多久
③交多少保费、交多久
④等待期、犹豫期
⑤“如实告知”义务
家庭保障需求分析
①健康保障和身价保障
②教育金和养老金
③财富传承和特殊功能
经典健康保障方案
重大疾病保险+百万医疗保险

商业保险的后续服务和理赔

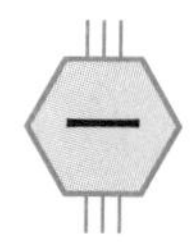

故事：蔡阿姨商业保险的后续服务

十年前，蔡阿姨离异，成了一名单亲妈妈，带着儿子独自生活。她意识到自己未来可能面临种种风险，于是给自己购买了一份重疾险。虽然她每年都需要拿出积蓄来支付保费，但是万一不幸得了重疾，有保险在，就不至于掏空存款、卖房治病，甚至影响到儿子未来的生活。所以蔡阿姨知道，这笔开支对她的家庭来说是非常有必要的。

蔡阿姨的保险代理人非常专业，她每年都会来看望蔡阿姨，帮她做保单梳理，逐步完善蔡阿姨的家庭保障。这十年以来，蔡阿姨的收入在逐渐提高，她的重疾保额从 20 万增加到了 50 万，自己的养老金以及儿子的重疾险、教育金储备也都逐步建立起来。所以对于未来，蔡阿姨也感到越来越安心。

前年，蔡阿姨在体检中被检查出乳腺癌，她赶紧联系自己的保险代理人。保险代理人首先利用所在保险公司的资源，

帮蔡阿姨在三天内挂到了指定医院的专家门诊号，然后一路协助她办理住院、手术等安排，还按照保险合同为她垫付了医疗费用；与此同时，保险代理人也在帮助她搜集资料、申请理赔，并跟踪理赔流程。

在保险代理人的有力协助下，蔡阿姨在一个月内顺利拿到了理赔金，并利用这笔理赔金给自己用上了最好的药品和器材，积极进行治疗。经过半年的治疗和控制，蔡阿姨顺利控制住病情并出院。现如今，蔡阿姨一直在定期复查，健康状况良好。

对于蔡阿姨来说，这份保单的价值其实已经远远超过了保额的价值。在刚确诊时，她担心的不仅仅是钱的问题，还有去哪儿治、能不能治好的问题。而保险公司的后续服务超过了她的预期，不仅解决了她的忧虑，还在她最低落的时候给予了她有力的帮助。

从上面的故事可以看出，一张保单所带来的保险公司和保险顾问的后续服务，在关键时刻能够给我们很大的帮助。购买保险后，了解自己能享受到哪些后续服务，能让我们更好地利用好这份保险。

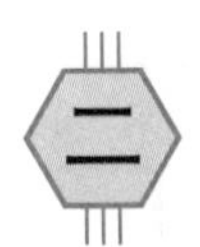

商业保险常见的后续服务

在保单签发后，保险公司和保险顾问的服务才真正开始。搞清楚保险有哪些后续服务，能让我们知道作为投保人能享受到哪些权益，咱们也要充分使用好这些权益。主要来说，保险的后续服务有以下几类：

（一）续保提醒

每个保单周年日到来前，保险公司会提示客户按时缴纳保费，保证签约的银行卡内余额充足。为了保护客户权益，保险续保缴费一般都会设置“宽限期”，在宽限期内缴纳保费，保单权益不受影响，如果过了宽限期，保单会被中止或终止，需要重新核保才能继续有效，具体看条款约定。由于重新核保会面临一些风险，比如可能因身体健康状况发生变化，导致承保条件变化或者被拒保，所以每年一定要注意按时续保。

细心的保险代理人会关注客户缴纳保费的情况并按期提醒，避免因为断缴而导致客户利益受损。此外，有些短期险可能会因监管政策或者公司产品迭代发生停售，负责任的保险代理人也会及时通知客户办理转投保，以保证客户利益不受影响。

（二）定期保单检视

定期保单检视是保险顾问的一项重要售后工作。专业的保险顾问会帮助客户整理家庭保单，将每一份保险的简明信息列明在保单检视卡上。这样家庭成员不同种类的保障一目了然，一旦发生风险，客户可以很清楚地知道可以申请理赔哪些保险、怎样理赔。

保单检视的另一个重要意义是我们可以动态管理家庭保障。例如，一个三口之家全家人都购买了重疾险，后来妈妈生了二宝，那么家庭成员结构发生变化，二宝的保险也应该及时建立起来。我们首次建立保障的时候不可能一步到位，保单检视可以让我们知道还有哪些保障缺口，以后随着收入增加，可以将缺口逐渐补上，最终达到家庭成员都周全保障的目的。

（三）理赔服务

目前，主要的理赔方法是通过保险公司网点理赔或者在网上申请理赔。现在各大保险公司基本都开通了网上理赔，投保人可以通过手机 App 或者微信公众号办理理赔手续；直接通过网络，按要求上传理赔资料如表格、检验报告的照片等，或快递寄送相关材料，就可以远程完成理赔申请相关手续，整体效率更高。

在资料齐备的情况下，小额理赔案件平均 24 小时就能处理完毕；大额理赔的处理需要根据理赔案件本身的复杂程度而定。如果投保人投保的时间过短、投保时间太过集中、理赔金额过大，那么在出险申请理赔时，保险公司为了核实事故的真实性，会对案件介入调查，这种情况下花费的时间就要多一些。通常来说，大多数理赔流程可以在一个月内完成。

我们购买商业保险之后，在发生保险事故时，最好立刻拨打保险顾问的电话进行咨询，让他用专业知识协助自己申请理赔。如果找不到当初购买保险时候的保险顾问，或者保险顾问已经离职，应该第一时间上门或电话联系保险公司，保险公司会另外指定工作人员协助完成理赔。

（四）其他增值服务

当前，越来越多的保险公司注重服务品质，开始向客户提供病前、病中、病后的服务。

病前有电话医生、在线问诊等，帮助客户做好大病预防，实现双赢；病中有协助客户挂号、安排住院、安排手术等，帮助客户解决在大医院看病“一号难求”的困难；病后有及时的资金垫付服务和理赔服务。

这些增值服务看似小，关键时刻也能帮上大忙。当人们患了重病时，第一时间考虑的往往不是花费，而是能不能治好、在哪儿治最好、能不能找到最合适的医院和医生，有实力的保险公司能够解决医疗资源的问题。我们自己托熟人在医院里挂号，欠了人情还不一定就能挂到最对口的医生，而保险公司的资源可以覆盖全国大部分三甲医院，这也是我们可以加以利用的。

另外，有的保险公司还会赠送客户国际国内救援服务，比如在境内外旅游，如果遇到紧急情况，突发疾病或者意外事故，就可以启动这样的救援服务，等于额外获得了一份保障。

当然，获得上述服务，通常需要达到一定保费条件。每家公司标准不同，咱们可以咨询自己的保险顾问，了解自己购买的保单拥有哪些服务，将这些服务电话保存进手机通讯录，以备不时之需。

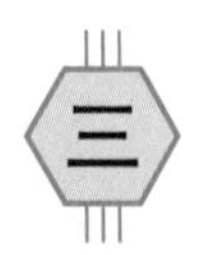

财教授实操课堂：联系顾问与整理告知

（一）与保险顾问保持联系

保险顾问和投保人之间的关系远远不止销售一份保单那么简单，一个专业的保险顾问是投保人家庭的守护者。顾问绝对不愿意看到他的客户发生风险，或者在风险来临时因为方案设计的失误导致不能申请理赔。

购买商业保险后，建议与保险顾问定期保持联系，请他们为自己的家庭做保单检视，在保单检视卡上列明家庭成员已有的保障和还存在的缺口，逐步建立保障全面、保额充足的家庭保障体系，为我们的家庭保驾护航。

随着行业的不断进步，保险顾问越来越朝着专业化方向发展，优秀的保险从业人员不再是简单意义上的销售员，而需要承担起健康顾问、家庭财富规划师等角色。他们的工作需要用到医学、法律、金融等多种学科知识，与他们交流，不仅可以让我们获得一些健康常识，还能学到全面的家庭财富管理的思维。当然，保险顾问最擅长的是防守型资产的配置，也就是保险板块。为家庭建立好了防守账户，我们的家庭财务才会更加稳固。

（二）重要资料整理与告知

如果我们购买了很多商业保险，但是家人却并不知晓；一旦我们因意外突然离世，家人不知道保单在哪里也不知道去哪里申请理赔，就会导致我们原本的保障落空。所以，一旦投保，建议我们不要忘记完成以下两个方面的工作。

1. 整理保险相关资料

对于购买了多份保险的家庭，我们需要知道购买的保险都是保什么的、什么情况下能够申请理赔。建议我们尽量将保单整理成列表，也可以请保险顾问帮我们梳理成“保障分析卡”，以便于我们日后查阅。

2. 告知家人保单相关信息

既然购买保险是为了尽到对家人的责任，我们就应当及时告知家人我们购买了哪些商业保险、什么情况下可以申请理赔；同时，一定告知家人保险合同和列表清单存放的位置，以及保险公司和保险顾问的联系方式。若将来需要用到，家人可以最快时间找到。

后续服务和理赔口诀

投后保障才开启，保险服务伴终生，
投保家人应知晓，保单合同要留存；
专业人士勤沟通，优秀顾问样样能，
定期检视查缺口，家庭变化要调整；
线上理赔便利多，一旦出险找顾问，
保险服务使用好，幸福保障安心神。

◆ 五德财商之本章财德

挣钱之德源于义

挣德：保险公司对我们的服务，从签订保险合同之后才正式开始；我们签订合同、支付保费在先，保险公司和保险销售人员的服务在后并贯穿整个合同期间。这个过程中，保险销售人员的“义”就显得尤为重要；一个值得托付的保险销售，会在我们投保前和投保后都做好尽责的持续服务，绝非把保险卖给我们、自己赚到钱就了事。我们需要选择有“挣德”的保险顾问，方能长久地安心。

本章知识要点

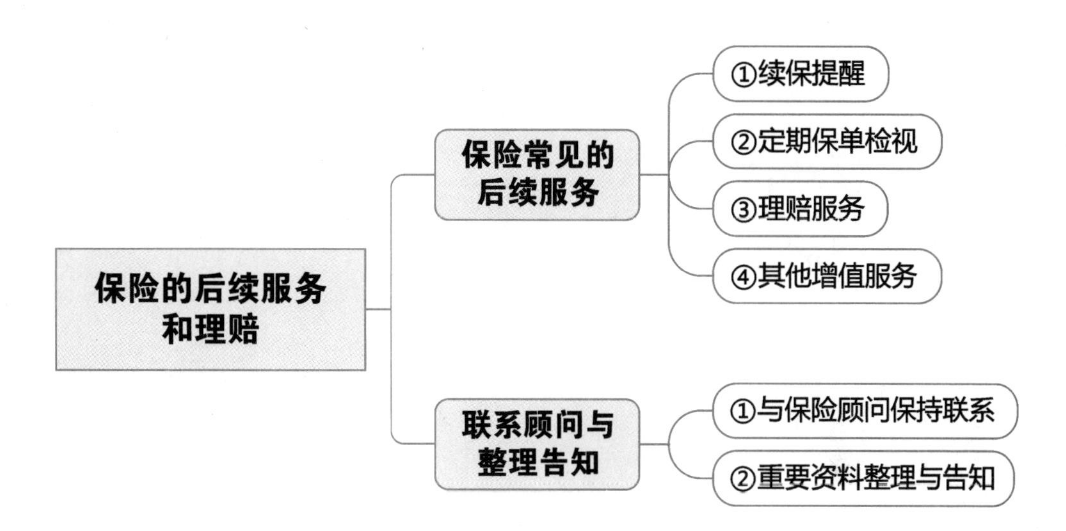
保险的后续服务和理赔
保险常见的后续服务
①续保提醒
②定期保单检视
③理赔服务
④其他增值服务
联系顾问与整理告知
①与保险顾问保持联系
②重要资料整理与告知